从零开始学收纳

衣橱篇

日本株式会社主妇与生活社　编
谢玥　译

六大全屋收纳法则
教你安置家中所有衣物

彻底解决你家的衣橱整理难题

浙江人民出版社

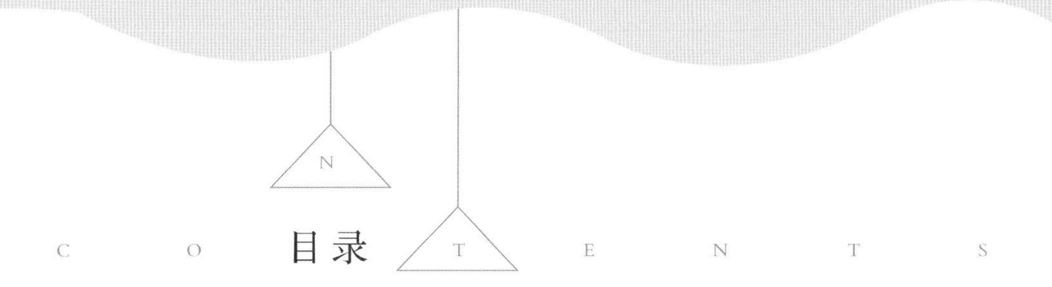

目录

C O N T E N T S

02
CHAPTER

C O N T E N T S

C O N T E N T S

04 CHAPTER

C O N T E N T S

05 CHAPTER

CHAPTER

01

轻松整理，容易挑选

向你展示完美衣橱

家庭构成、房间布局、衣橱大小——每个家庭的衣物收纳条件各不相同，但是在对衣橱收纳进行调查采访的过程中，我们发现每个易于整理、便于取放的衣橱都遵循了相同的规则。

打造便于使用、易于整理的衣橱，除了美观，还要考虑生活方式、做家务时的行动路线、人的行为模式等不可或缺的要点。

下面我们依次来展示7个家庭的衣橱，它们在遵循了共通规则的基础上，还有着各自的特点。

便于每日轻松整理的
衣橱收纳规则

1
把经常穿的衣服挂起来

因为叠衣服既费时又费事，所以整理工作总是容易被推后。把衣服挂起来，既可以节省时间，又可以避免衣服褶皱。除T恤等叠起来也不会起褶的衣服外，其他衣物尽量挂起来。如果使用同一个衣架进行晾干和衣橱收纳，会更省事。

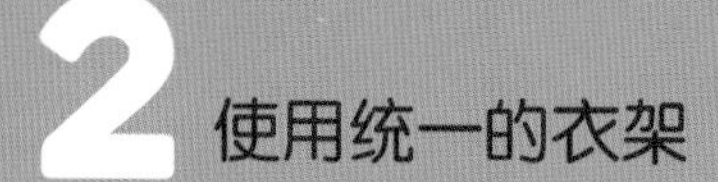

2 使用统一的衣架

为了使衣橱更美观，应该使用同一品牌、统一类型的衣架。衣服挂起来后肩部高低一致，看上去就很整洁。寻找想穿的衣物时也更容易。第3章刊载了各种商品，形状设计不易令衣物肩部变形，材质也不会打滑，读者可以根据自己的喜好进行挑选。

3 叠好的衣物要立起来放

用盒子、抽屉收纳叠好的衣物时，不要平着堆放，要把它们立起来。这样在打开容器的时候，什么衣服放在哪里一目了然，避免了总穿同一款衣服的情况发生。这样摆放还可以避免取放时把衣物弄乱。不要把容器塞满，用八成的空间来收纳衣物，可以使容器保持整洁的状态。

4 选择最佳场所梳妆打扮

在忙碌的早晨，人们都希望能够高效率地完成梳妆打扮。把要穿戴的物品集中放置在梳妆打扮的场所非常重要，因为零散的摆放既耽误时间，又不利于搭配。现在请仔细回顾一下你早上的行动路线，再审视一下现在的摆放位置是否得当。

5 小配饰放在衣橱里

认为“衣橱只能用来放衣服”的人请务必改变思路。皮带、首饰、帽子、提包等和衣物一起搭配的配饰都放在衣橱中才会更方便，这样不仅节省时间，还可以提升穿搭的乐趣。甚至还有避免穿搭老气、守旧的作用。

6 要让家人可以轻松找到衣物

如果不考虑使用者的立场，例如个子矮的孩子是否能轻易取出衣服、怕麻烦的丈夫是否能轻松整理，只按照自己的想法进行收纳，是无法长期保持整洁状态的。只有考虑了家人的生活模式、性格、习惯后确定的收纳方法，才会令妈妈更轻松，所以一定要听取家人的意见和建议。

原时装店
店员家的精品店风格
开放式衣橱

西川祐贵子女士

5SLDK的独栋住宅
丈夫、我、女儿（3岁）三口之家

嵌入式衣橱 / 在二楼的寝室内，宽260cm、深80cm、高180cm。本人使用。收纳了包括外套在内的全部衣服和首饰、小配饰。三层的抽屉购自家居中心KOHNAN，两层的抽屉购自无印良品。

步入式衣橱 / 在二楼走廊的一角，宽170cm、深149cm、高199cm。丈夫使用。收纳了工作服、家居服和小配饰。

* 西川女士喜欢用的收纳产品在第5章！

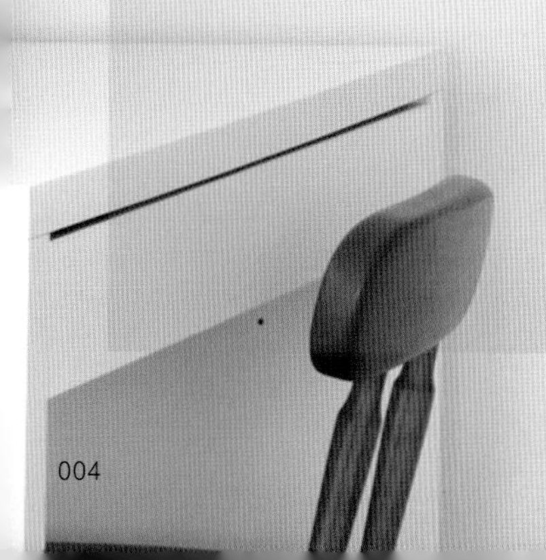

白、黑、大地色的上衣13件

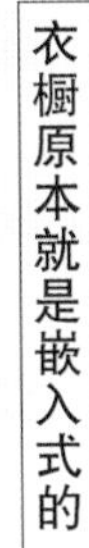

衣橱原本就是嵌入式的

西式房间内的嵌入式壁橱，我们没有对其进行大幅度改造。挂衣服的横杆也是原有的，长260cm。我们重新贴了壁纸，增加了缓冲层，将拉门涂成了白色。

外出用的提包&皮带

首饰

我喜欢的帽子

5顶喜爱的贝雷帽

搭配上衣用的9条裤子

将搭配中不可缺少的物品从右至左摆放，做到“可视化”

衣架之间保持7cm以上的距离

从右至左的摆放顺序为上半身一下半身。按照衣服的长短摆放，间隔7cm以上，就会呈现出有品位的精品店风格。白色的钢丝衣架是DAISO的产品，100日元10个。

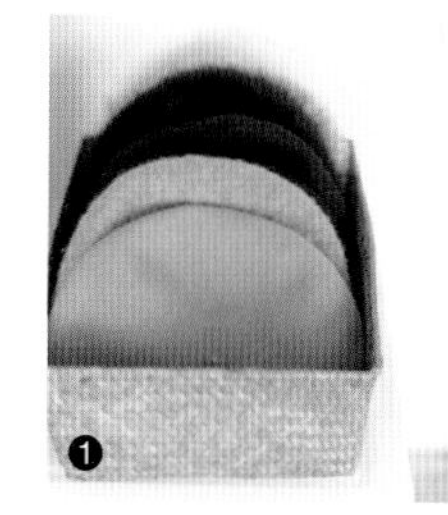

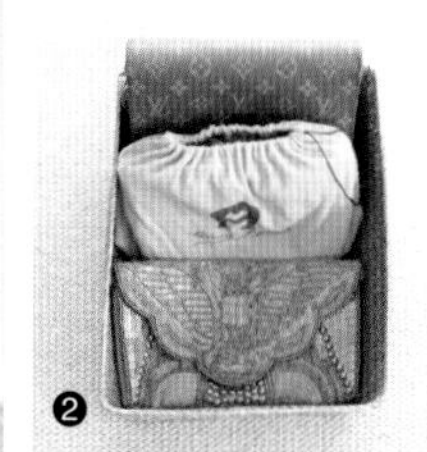

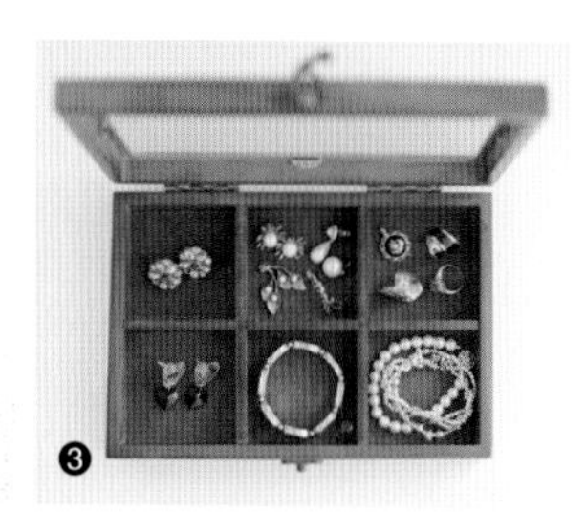

时尚物品确定数量后放入容器

1. 选择5顶百搭的基础色贝雷帽。2. 只在外出时使用的品牌提包选3个放在篮子里。3. 首饰放在有隔断的盒子里，注意不要堆放。

不会使针织衫被抻长的挂衣法

1. 沿着衣服的中线将肩、袖对折。2. 将腋下部位放在衣架正中钩子的正下方位置，衣架一侧挂衣服的袖子。3. 衣架的另一侧挂衣服的身体部分，这就完成了。这样挂衣服不易起褶。

丈夫的衣橱，根据休闲服和工作服进行分区

工作服

丈夫在住宅翻修公司工作，平时主要穿西服。衣、裤分开挂，由近及远依次是衬衣、西裤。

×

休闲服

裤子和针织衫叠起来分别放在架子上，这样更易挑选。叠放数量不要超过3件。

利用收纳产品存放小配饰

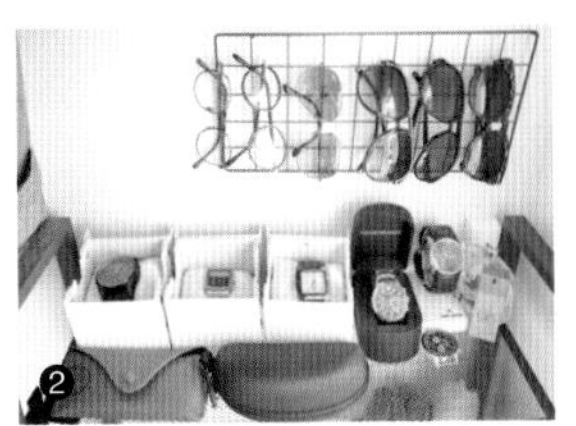

1. 将领带卷起来放在有隔断的箱子里，既节省空间又方便。2. 太阳镜挂在100日元的钢丝网上。3块贵重的手表放在盒子里。

一起搭配用的物品统一存放

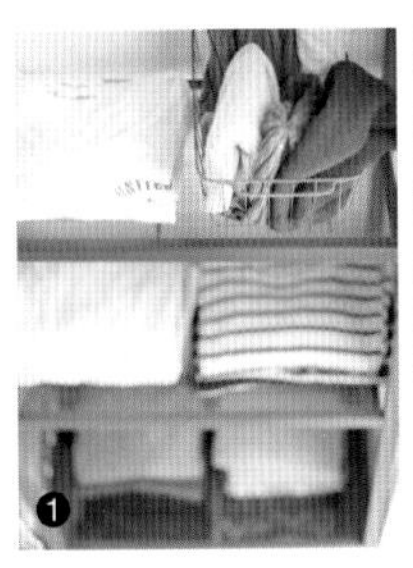

1. 因为棉布衣经常搭配针织帽，所以放在同一个架子上。2. 裤子和皮带放在同一个架子上，便于穿戴。

周末家人一起叠衣服

我和丈夫从小学起就是同班同学，很是知心。他一直积极地帮我做家务。阳莉也会努力参与。

严/格/挑/选/13/件/喜/爱/的 衣/服/放/进/美/丽/的/衣/橱

我的母亲、祖母、姑妈，都非常时髦，受她们的影响，我结婚前在时装店工作。家里衣服成灾在所难免，不过，开始令我头疼的是，在1年前我们买了房子之后，虽然我们对这座有21年历史的房子进行了翻新，但收纳空间无法增加，能利用的只有一个一间①半的嵌入式壁橱和走廊的步入式衣橱，想要放下所有的衣服非常困难。

于是对于衣服的数量和收纳方法，我要重新考虑。首先，只留下会反复穿、不会厌倦的衣服，其余的二十几件全部处理掉。衣服以大地色为主，利用小配饰增加变化。其次，在陈列上，我利用在时装店工作的经验，根据物品类别进行摆放，留出余白，这样一来，对物品的数量必然有所限制。

多亏如此，我的衣服才不会无节制地增加，同时利用现有衣服做出的穿搭变化也多了起来，一味地增加衣服数量并不等于时尚。

为了让丈夫可以轻松整理自己的衣橱，我们一起考虑了摆放和收纳的方法。左侧是工作用的西装，右侧是休闲服，完全分开收纳，一目了然，受到了丈夫的好评。把心爱的太阳镜、手表等小配饰，像时装店那样一字排开摆放，这种方法丈夫也很喜欢。对于各种搭配，感觉他也乐在其中。

为了保持衣橱的整洁状态，我们确定了“买一件就扔一件”的原则。我觉得“可以有一些贵的品牌货”。如果买了贵重物品，就要好好珍惜。我希望善待并长期地使用它们。

① “间”是日本测量单位。

主衣橱 / 在寝室里，夫妻共用。宽120cm、深45cm、高180cm，2台挂衣架及无印良品的抽屉用来收纳除内衣外的所有衣服。

副衣橱 / 在卫生间里，夫妻共用。宽140cm、深72cm、高205cm。收纳常穿的衣服和内衣。

橱柜下的柜子 / 宽89cm、深24cm、高66cm。存放孩子的日常衣物。

×

从统一的黑白色系库存中挑选出最爱的衣服

小松由希子女士

80㎡的一室公寓
丈夫、我、儿子（2岁）三口之家

* 小松女士喜爱的收纳产品刊登在第5章！

不分居家和外出，只用黑、白来区分

黑白色系的衣服，无论居家还是外出都适用。配以不同的小饰品，宴会、正式场合皆可应对。1人1个架子，按照物品类别和颜色挂起来。

每月替换1次卫生间里“最爱的衣服”

将平时常穿的衣服转移到用来梳妆打扮的卫生间。每月替换1次，把不穿的换掉。

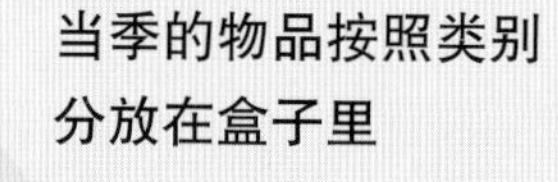

当季的物品按照类别
分放在盒子里

帽子、靴子、披肩、浴衣等，按照类别放进有盖子的盒子里，这个时候可以灵活利用设计简洁的长靴鞋盒。

衣架要统一使用
不会使肩部
变形的产品

在网上集中购买的磨砂质地的衣架发挥了很大作用，不打滑，肩部不易变形，可以长时间悬挂衣服。

无纺布袋放在盒子中
起隔断和遮挡作用

T恤和棉布针织衣物放入无印良品的抽屉中，然后将无印良品的无纺布袋按照抽屉的高度折叠，充当隔断。

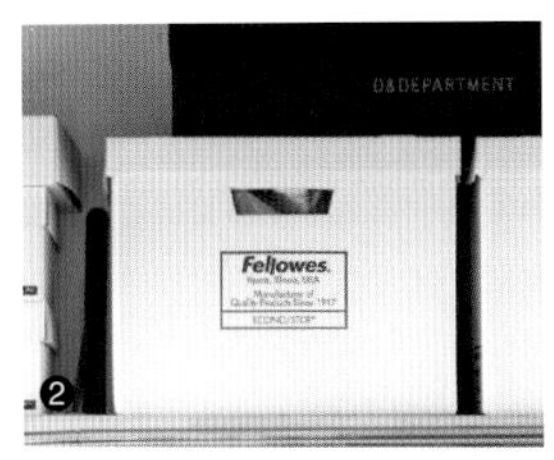

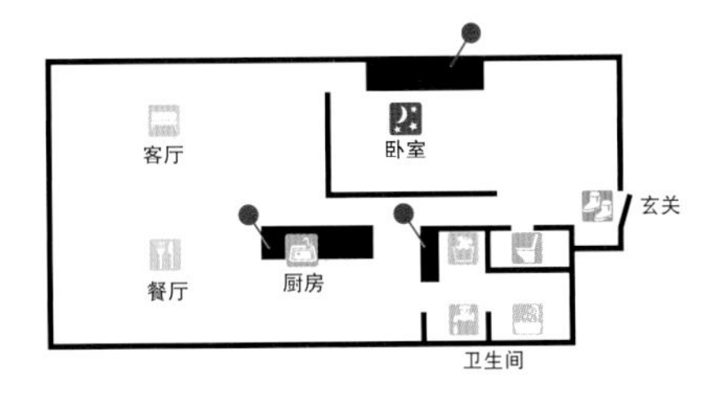

我家除浴室和卫生间外，其他地方没有门。从卧室到卫生间，从卫生间到厨房，行动方便。

婚丧嫁娶用的物品集中放在一起

1. 小方绸巾、念珠、手包等婚丧嫁娶用的物品集中放在一个盒子里。2. 柜子上面统一放置质量轻且结实的FELLOWES的银行员纸箱（Banker Box），这样摆放会显得很时尚。

全/年/不/需/要/换/季/的
全/开/放/陈/列/式/收/纳

自从和喜欢黑白色系的丈夫结婚后，我也变成了简约派。没有什么当季不当季的概念，即使季节变化，基本搭配也不会改变，只要添加上衣即可。一旦体会到这种轻松感，就再也不想回到以前的状态了。

不过每天从中挑选要穿的衣服也很费事。于是我将这一个月内要反复穿的“最爱的衣服”挑选出10件，放在进行梳妆打扮的卫生间的一角。从这10件中挑选要穿的衣服就简单多了，每天的装扮时间也有所缩短。特别是生了儿子以后，每天早上忙得团团转，时常感到这个能令我在早上轻松装扮的设置实在是太棒了。

由于房间布局的原因，从玄关处就可以看到衣橱，所以我的原则是“不放不想被人看到的物品”。这也令我养成了不用的物品就迅速处理掉的好习惯。

大人的衣服
放在卫生间

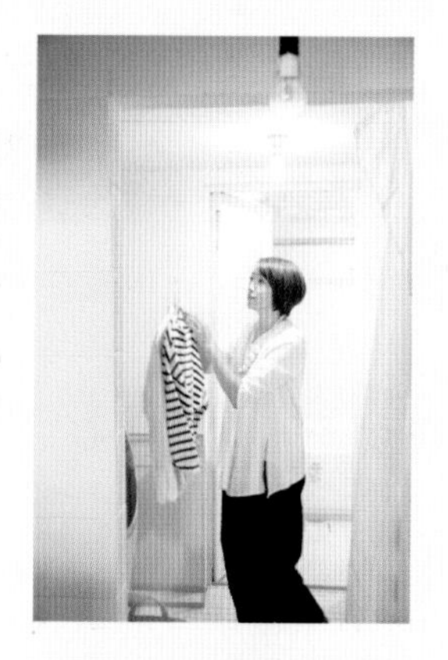

洗涤的衣服在浴室
烘干后直接挂到横杆上

洗涤衣服时，灵活利用烘干机和浴室干燥功能。不受天气影响，衣服一干就直接拿到洗衣机旁的横杆上挂起来。

洗衣机旁的抽屉也是无印良品的。固定存放丈夫、我、儿子的内衣。这里也放了无纺布袋用于遮挡。

裤子卷起来收纳

右侧的篮子是我的，左侧的篮子是丈夫的，收纳了裤子。从烘干机中拿出后直接卷起来就完成了。

首饰也集中在卫生间

1. 平时常用的项链，挂在连衣裙形状的架子上。这样很容易区分每条项链适用的环境、气氛。架子背面有装耳钉用的口袋。2. 无印良品的隔断和亚克力盒的组合。

孩子的衣服
放在厨房内侧

考虑行动路线，将衣服
收纳在厨房内侧

如何合理利用并不宽敞的房子？我的理念是要使用超出常识的收纳方法。所以，为了在卫生间能够完成穿戴工作，我把常穿的衣服、首饰都转移到了卫生间。常穿的衣服洗涤频率会很高，所以我在洗衣机旁边也设置了收纳空间，这样一来，每天的家务能够轻松很多，我的心情也随之舒缓。

把孩子的衣服放在橱柜，也是出于同样的理由。儿子年纪小，做事需要大人帮助，在衣橱里给他设置一个专区的话，大人的视线会顾及不到。而橱柜这个位置，不管是在厨房的我，还是在客厅的丈夫都能看到，所以就把这里当作孩子穿戴的专区。“这里放孩子的衣服？！”经常有人对此表示惊讶，但是只要我和儿子用着方便就OK！丈夫也觉得可以接受，所以目前我们还会延续这个做法。

孩子色彩丰富的衣服放在有门的收纳柜里。这样，站在厨房就可以确认孩子的穿戴情况。

衣服分类立着
放进DAISO的盒子

将孩子更换频率高的衣服立起来收纳。儿子最近喜欢自己挑选衣服，这样他会很方便看到衣服的花色。

AM 7:30

确认衣着&仪容

1. 早上洗完脸，照着镜子挑选今天的衣服和首饰。
2. 在这里整理发型、妆容，我的穿戴完成！

AM 8:00

孩子穿戴&收尾工作

3. 孩子在橱柜前完成穿戴。我一边收拾早餐一边帮孩子准备。

AM 8:30

送孩子去幼儿园！

4. 直接去玄关，穿上鞋出发！

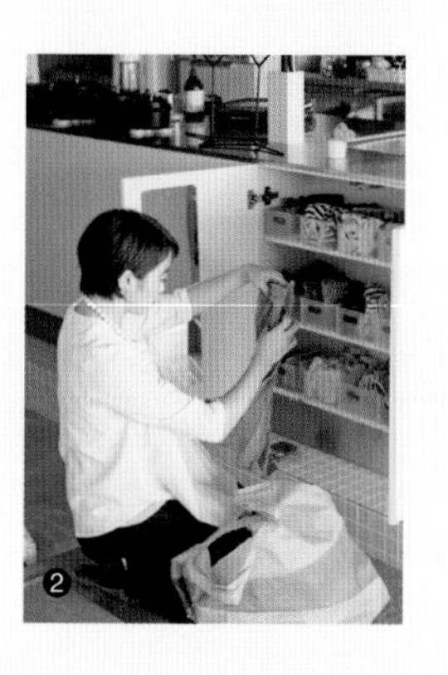

在起居室整理孩子的衣服

1. 儿子的衣服从烘干机中取出后，放进环保袋，拿到起居室。
2. 橱柜下面的柜子，除了换洗衣服，还存放幼儿园用品，上学的准备工作在这里完成，就不会忘东忘西。

合理利用空间，衣物的晾晒、折叠、收纳一次完成

西森里美女士

4LDK的独栋住宅/丈夫、我、儿子（7岁）、女儿（5岁）四口之家

* 西森女士喜爱的收纳产品刊登在第5章！

大人的衣橱 / 在二楼的房间里，宽253cm、深80cm、高232cm。夫妻共用。收纳包括内衣在内的所有衣物和小配饰。三层的抽屉是IRISOHYAMA的产品，两层的格子收纳柜是在NITORI买的。

孩子的衣物专区 / 用两个宽56cm、深40cm、高99.5cm的抽屉和宽61cm、深35cm、高135cm的架子，收纳全部衣物和体操服。

大人所有的衣物都收纳在衣橱里

橱门敞开，利于通风。顶层的架子上用宽26cm、深38cm、高24cm的NITORI的盒子存放手提包和帽子。

丈夫的物品

我的物品

将/储/藏/室/一/样/的/房/间/改/造/成
衣/橱/兼/家/务/房/间

因为我的工作是全职，平时连洗衣服的时间都没有。以前收纳家人衣服的房间很分散，收拾起来非常麻烦。于是我考虑打造一个从洗衣、晾晒到收纳可以一步完成的家务房间。

这个房间，以前只存放我的衣服，另外还混杂着当季不用的家电、日用品，完全是储藏室的状态。我首先整理不用的物品，然后在面向阳台的窗框上安装了晾衣杆，增加了室内晾衣服的空间。把4个人的衣服都集中在一起，再设置一个熨烫衣服的专区，非常便利。洗好的衣服拿到这里，直接就可以叠起来分别收纳，时尚衣服和手帕等的熨烫工作也都可以在此进行。墙上安装了穿衣镜，出门前的穿戴工作也可以迅速完成。

每天回到家，我就把洗好的衣服拿进来。我做饭的时候，孩子们就帮我把衣服叠好了，真是帮了大忙。我觉得这是个很棒的设计。

家务专区紧挨着入口 使用LABRICO 2×4一套的木材立起柱子，制作一个宽100cm的架子和桌子。晾衣服的用品收纳在NITORI的滚轮架子里。

这里是孩子们的衣物专区 抽屉和大人用的一样，都是IRISOHYAMA的产品。架子上的篮子里放的是明天要穿的衣服和睡衣。

室外晾晒和室内阴干都在这个房间完成

1. 工作日回到家后洗衣服。2. 在窗框上设置IRISOHYAMA的支撑式晾衣杆。
3. 叠衣服是孩子的工作。

挂在衣架上的衣物可以直接放进衣橱
衣服干了马上进行熨烫

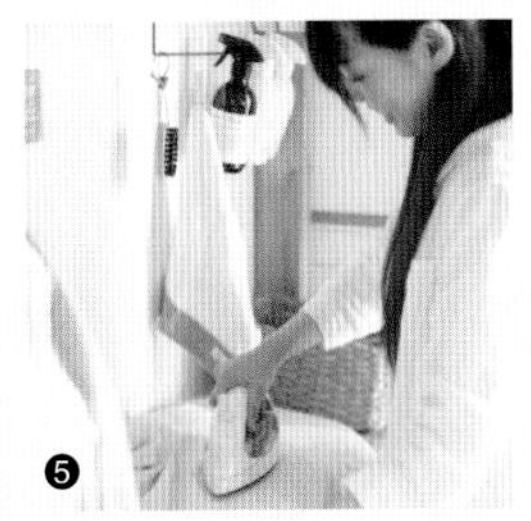

4. 收纳和洗涤晾晒用的衣架是通用的。5. 做饭用的围裙必须熨烫。
6. 洗衣篮是NITORI的产品。

把篮子放在洗衣机旁

从晾晒到收纳
一步完成！

大人的衣橱设计成左右对称，看起来更整洁

丈夫的棉布针织衣服都挂起来，方便拿取。我的衣服除衬衣外，都叠起来。收纳盒的颜色、高度一致，看起来很规整。

衣橱从右到左依次挂的是连衣裙、衬衣。颜色、长度差不多的挂在一起，可以缩短找衣服的时间。

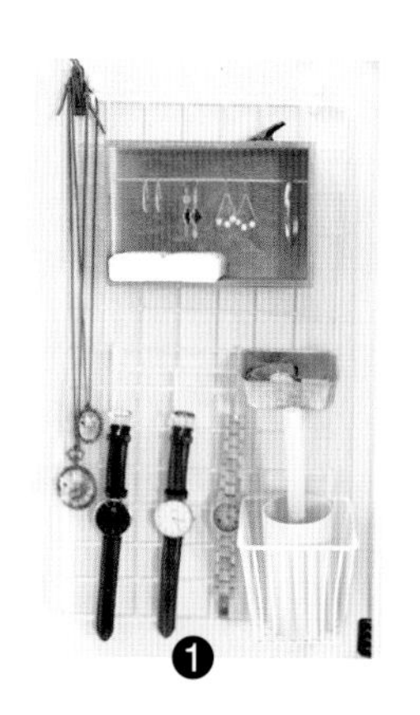

❶

增加木箱，方便取放

用带钩子的钉子把钢丝网固定在墙上，用来挂小配饰。小木箱后面装上钩子挂起来，用于收纳耳钉。

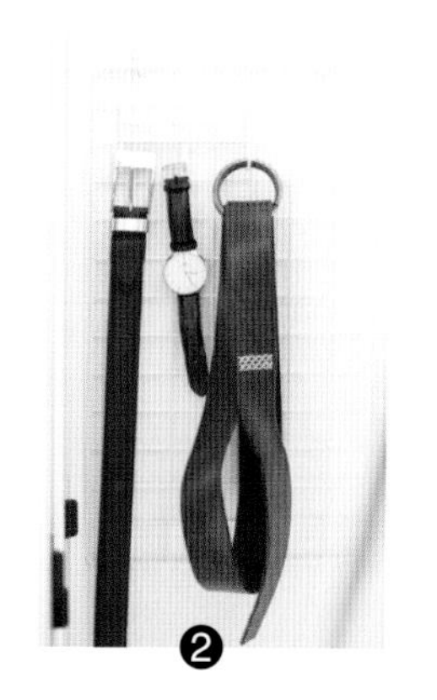

❷

钢丝网只挂常用的物品

左侧的衣橱壁上集中放置丈夫的皮带、手表。钢丝网和挂钩是从DAISO成套购买的。

❸

数量众多的长筒袜放在隔断很多的布盒子里

用NITORI有隔断的盒子收纳长筒袜。吊带背心立着放在Seria的钢丝篮里。

根据孩子们视线的高度
设计孩子的衣物专区

我将衣服都集中到这个房间时，考虑的是“让家人都能轻松打理的收纳方法”。于是大人用的衣橱采取左右对称的设置，右侧是我的衣物，左侧是丈夫的衣物，要用的物品马上就能拿到，穿戴过后也可以轻松放回原处。我听取了丈夫提出的“牛仔裤要放在能看见的地方”“针织类衣服要挂起来”的要求。他很满意，说“用着很方便”。

孩子们已经养成了自己的衣服自己叠的习惯，如果不明确地告诉他们什么物品摆放在什么位置，就很容易搞得乱糟糟。于是我决定按照种类，将物品分别放在不同的抽屉里。然后根据孩子的身高，将经常使用的物品固定放在中间三层，以便于他们使用，进而减少了很多负担。当然，时不时也会出现抽屉里乱成一团、孩子们抱怨“叠衣服好麻烦”的情况。这时我不会强迫他们，而会说“咱们一起做吧”。毕竟适当的宽松也是必要的。

右侧的抽屉是女儿的，左侧是儿子的。从上至下依次为非当季衣服、当季衣服、睡衣和贴身衣服、内衣和泳衣、浴衣。

格子柜里的篮筐，收纳的是当季的必需品

把比较占空间的针织类衣物放在NITORI的篮子里。右侧是我的披肩，左侧是丈夫的保暖内衣。

最常穿的牛仔裤只放5条

丈夫希望把休息日经常穿的5条牛仔裤放在可以看到的地方。于是我把它们摆放在衣橱正中间，可以迅速取出。

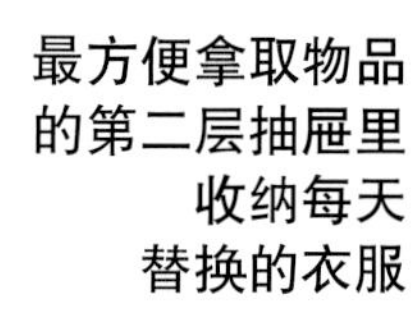

最方便拿取物品的第二层抽屉里收纳每天替换的衣服

1. 把100日元的盒子分成三部分，右侧两列放上衣，左侧放裤子。2. 最上层的抽屉对女儿的身高来说过高，所以日常衣服都放在第二层，换季时直接替换抽屉。

女儿的储物盒分得很细，儿子的储物盒大致分开即可

1. 长袜对折，短袜卷起来立着放。为了让5岁的女儿看得清楚，所以区分得很细。2. 儿子的衣物种类较少、尺寸大，不用分得那么细。

预先准备体操服收纳区

蓝色盒子用来收纳儿子的体操服，粉色的等女儿上学后用来存放同样的体操服。现在先不往里面放多余的物品，暂时空着。

很多时候，孩子们会叫着“我来做”，然后积极地跑来帮我的忙。为了把衣服叠整齐，女儿把它铺在了地板上。

主衣橱 / 在盥洗室的旁边，宽178cm、深78cm、高250cm。全家共用。收纳了全家人的日常衣服和洗涤用品。

副衣橱 / 在玄关，宽178cm、深35cm、高210cm。全家共用。用来存放全家的鞋、帽子和我的围巾。

二楼衣橱 / 宽168cm、深84cm、高240cm，有两个。夫妻共用。用于收纳过季的衣服。柜子是田丸家具工业的产品。

在盥洗室旁边的衣橱里收纳从毛巾到日常衣服的所有装备

野中友希女士

4SLDK的独栋住宅/丈夫、我、女儿（10岁）、儿子（5岁）四口之家

* 野中女士喜爱的收纳产品刊登在第5章！

日常衣服挂在衣橱两侧的短杆上

1. 在柜子两侧安装了长37cm的横杆，用来悬挂怕起皱的衣服。不锈钢的衣架同时用来晾晒衣服。2. 在深处的橱壁上安装Royal的支撑架，用专用的固定零件把横杆组装起来。

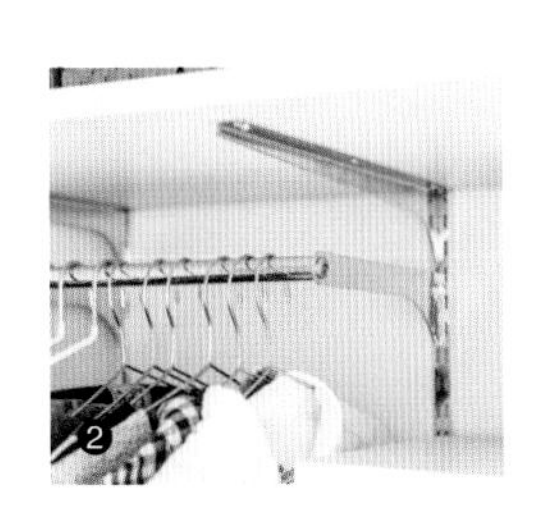

洗涤用品等日用品放在上层的篮子、盒子里

洗涤剂集中在一起会很重，使用NITORI的结实且有一定高度的篮子进行收纳。要放在孩子们够不到的上层固定位置。

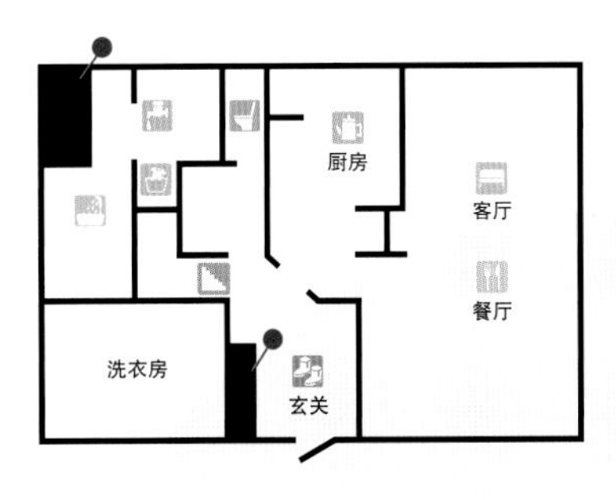

日常衣服收纳在玄关和盥洗室。玄关旁边的房间是用来室内晾衣的区域。平时的穿戴、整理工作在一楼都可以完成。

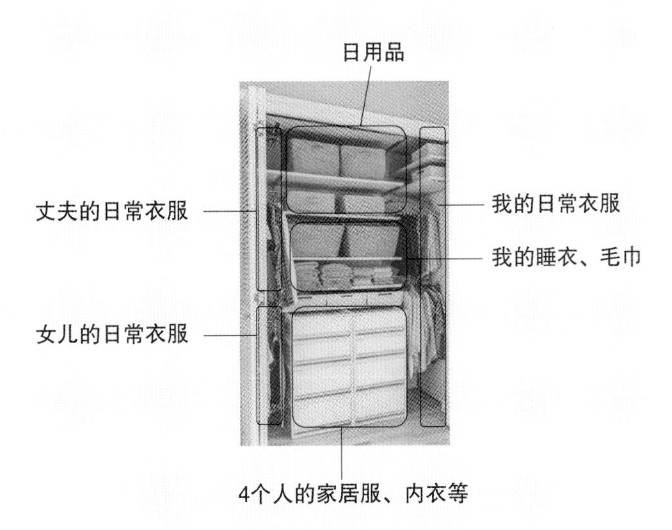

衣服和毛巾放在
家人都容易取放的中段下方

毛巾每天都要取放，所以在柜子中段进行开放陈列式收纳。使用后放入盥洗室内的洗衣机里。收纳袜子的是吉川国工业所生产的T恤收纳盒。上面贴了写着家人名字的标签。

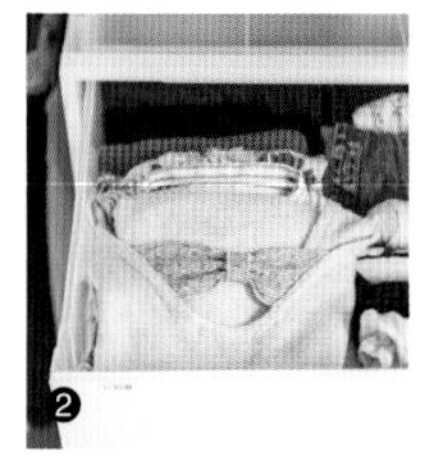

每天的换洗衣服
放在下层的抽屉里

1. 抽屉高82cm，对于小学四年级的女儿来说高度正好。2. 每个使用者都有自己的抽屉。存放的是内衣、睡衣和不怕起皱的休闲衣服。

使用抽屉和可移动衣架
进行分区，
充分利用空间

建房子的时候，我简单地认为，收纳空间就是要大。开始的时候是把三台高190cm的不锈钢架摆放成“コ”字形，像商店那样将衣服叠起来收纳。结果在拿取下面的衣服时，上面的衣服就会变得乱七八糟，而且250cm高的衣橱顶部的空间完全利用不到。

于是我拜托做木工的丈夫进行改造。首先，右侧上部安装可以自由变换高度的隔板。然后在它的下方安装横杆，方便挂衣服。叠放的衣服放进抽屉。柜子与抽屉相结合，就可以沉着应对了。

为了让孩子管理自己的衣物，全家一起确定了物品的收纳位置。这样，孩子们就养成了自己准备衣服的习惯。柜子的上层，分类摆放洗涤、洗浴等日用品，这样做起家务来也很顺手。每天回到家，就可以心情愉快地做家务了。

收纳容器两个一组统一风格。中间的篮子里是睡衣，早上篮子会放到起居室。把橱门关上，就可以掩盖掉杂乱的生活气息。

过季的衣服都挂在二楼的衣橱，“想要那件”的时候马上就能找到

只要站在L字的中间位置，所有物品都能拿到

挂起来的衣服都按照类别进行分区，然后根据夫妻所属不同进行再次分类。这样可以很好地掌握横杆深处所挂衣服的情况。

变换一下按尺寸大小收纳包包的方法

1. 手提包放在BELLUNA网眼质地的提包收纳袋中，挂在上衣的旁边。这样既不会破坏包包的形状又利于通风，可以长期存放。
2. 大的休闲包叠起来放在篮子里。

横杆与顶层柜子都呈L形，这样确保了入口处的行动空间。换季的时候直接带着衣架把衣服移至一楼的衣橱。

一上楼梯，寝室的一角，是衣橱所在的位置。由于是三角形的房间布局，对步入式衣橱来说有些小。

过季的衣服需要长期悬挂，所以统一选用了不易使肩部变形的木质衣架。白色的是宜家的产品，8个555日元。

用心选定存放场所，使衣物换季工作更轻松

二楼寝室内小小的步入式衣橱，用来存放过季衣服。我的原则是，每年两次，在换季前对衣服进行筛选，只保留这里能放得下的衣服。将新旧衣服进行对比，不穿的就果断处理掉。

我不喜欢在换季的时候不知道哪件衣服放在哪里、到处找来找去的情况，所以要确保三角形衣橱中央有站立空间。人站

把喜爱的鞋和帽子
放在方便取用的玄关最合适

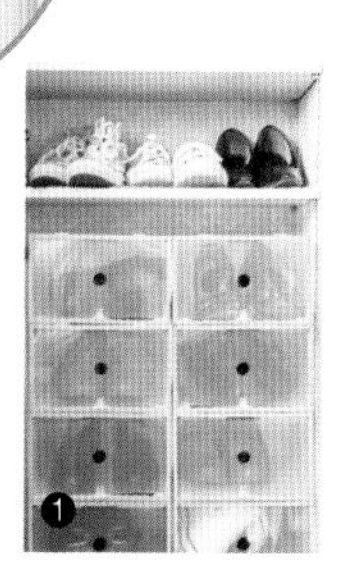

1. 决定好穿什么鞋子后，搭配合适的帽子、围巾。对面就是穿衣镜，觉得稍微有点儿不合适的话，也可以立刻更换，很方便。2. 衣橱采用折叠式对开门，里面收纳的物品一目了然。

在这里，不用移动，就可以拿到所有物品。这样一来，非常费事的衣服换季工作就可以顺利进行。
玄关处的衣橱，同样优先考虑方便使用这一点。外套比较占空间，不方便悬挂在这里，我就把它们移到玄关旁边的房间，在这里集中收纳帽子、围巾。墙上装有穿衣镜，便于确认帽子、鞋等的穿戴情况。

单手就可以拿到物品，穿戴轻松

1. 利用Seria的钩子把帽子挂起来。2. 围巾放入没有盖子的无印良品的布盒子里，方便取用。下面收纳的是孩子们的鞋和游戏用品。

鞋子前后错位摆放
可以增加收纳空间

1. CAINZ可叠放式的鞋盒用来存放过季的鞋。盒子是半透明的，可以清楚地看到哪双鞋放在哪里。2. 把鞋子前后错位摆放，既可节省空间，又有时尚的商店风格。

给建成30年的老宅增加衣柜，整理工作瞬间变轻松

桥本爱女士

2SLDK的独栋住宅/丈夫、我、大儿子（9岁）、小儿子（3岁）四口之家

* 桥本爱女士喜爱的收纳产品刊登在第5章！

步入式衣橱 / 在二楼寝室的隔壁，宽400cm、深180cm、高240cm。夫妻共用。柜子、架子用来存放除内衣外的全部衣服。

开放式衣橱 / 在二楼孩子的房间墙壁上，安装了宽360cm、高240cm的架子，收纳了大儿子的学校用品和日常衣服。在一楼半的儿童活动区的墙上，安装了宽180cm、高240cm的架子，收纳二儿子的日常衣服。

洗涤工作在一楼半和起居室进行

晾衣服的工作在一楼半的阳光房进行。小儿子的衣服、玩具从房间的清扫窗取放。

从起居室可以看到在一楼半玩耍的孩子们，所以这里是最适宜做家务的地方。

在起居室的沙发上整理洗好的衣服。从这里可以到达各个收纳的位置。

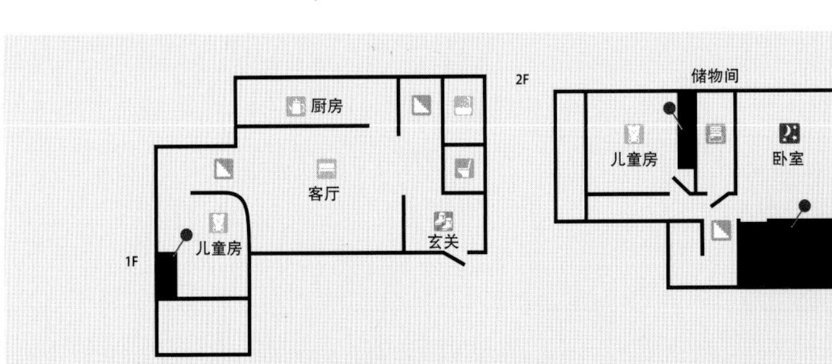

从正对一楼起居室的楼梯上到一楼半，这里是存放小儿子衣服和玩具的地方。二楼大儿子的房间墙壁上也安装了架子，用来收纳衣物。

小儿子的幼儿园用品放在起居室

1. 沙发后面的宜家收纳架用来存放幼儿园的换洗衣服和毛巾。我可以一边做家务一边看着小儿子的穿戴情况。
2. 袜子立着摆放，用DAISO的隔断进行分隔。

小儿子的衣物放在孩子够不到的位置

1．这里是孩子玩耍的场所，为了不让衣服碍事，我把它们放在了高处。2．用绳子吊起树枝，充当横杆，用来悬挂上衣。T恤对折，把花色露在外面存放。

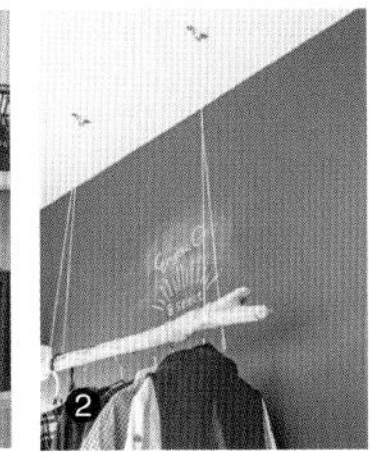

丈夫制作的开放式衣橱轻松DIY的杰作

1．使用DAISO的L形支撑架，在墙面上安装架子，上面只放两块合板。2．把绳子固定在天花板上，再用绳子吊起流木，当作横杆使用。我负责设计，丈夫负责制作。

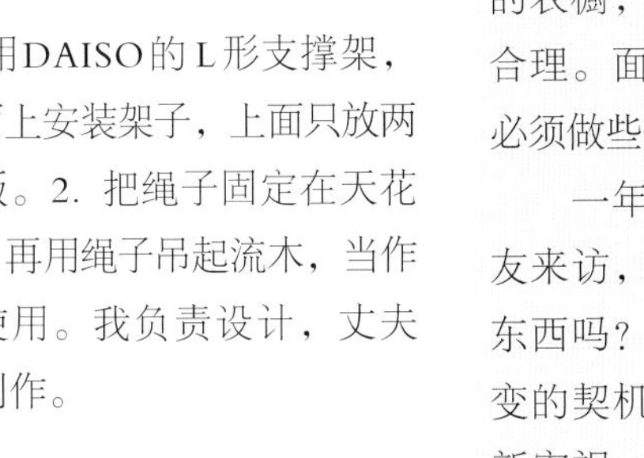

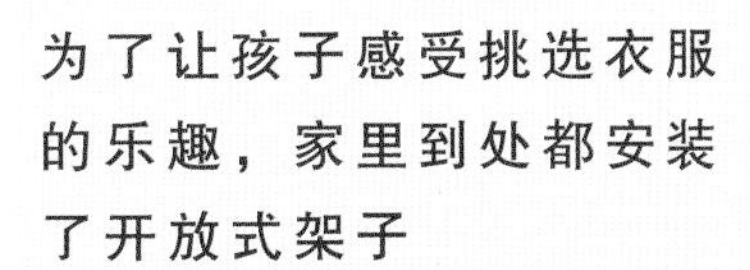

为了让孩子感受挑选衣服的乐趣，家里到处都安装了开放式架子

我在这栋房子里出生、长大。10年前父母把房子给了我。老房子建成已有30年，没有带门的衣橱，做家务的行动路线也不合理。面对过多的物品，我觉得必须做些什么。

一年前，擅长整理家务的朋友来访，说："你真需要这么多东西吗？"由此给我家带来了改变的契机。一念既起，就需要重新审视一遍家里的东西。最大的难题就是衣服。处理掉不穿的衣服简单，但是怎样才能使收纳变得更简单呢？

思考后，我决定打造一种可以感受到挑选衣服的乐趣、一目了然的收纳方法。因为是老房子，所以可以随心所欲地改造。在需要的位置，增加收纳架。特别是孩子的衣物，为了让他们体会到挑选衣服的快乐，我把收纳架设计成和玩具店、运动品商店类似的开放式风格。等孩子们长大了，生活方式会改变，届时收纳也要相应地升级。

大儿子的衣物用篮子进行分类，取放简单

大儿子上小学三年级，我对他的房间进行了设计，让他可以自己的事情自己完成。墙面上贴了黑板纸，用粉笔写明物品的摆放位置，足球用品放在DAISO的篮子里。

用1年的时间研究什么样的收纳方法可以在拿取时不使衣服凌乱

叠放最多7件，衣架间隔5cm以上

1. 为了使叠放的衣服一目了然，不破坏收纳状态，便于拿取，叠放数量不能超过7件。2. 衬衣用网上购买的LIBERTA不锈钢衣架悬挂。这样不占空间，易取放。

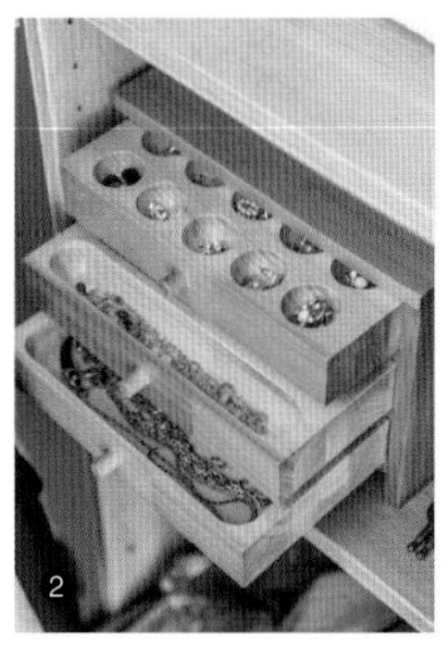

小配饰放在各自固定的位置

1. 在架子上安装横杆，用钩子把不能立起来的软包挂起来。2. 首饰放在有很多隔断的抽屉里。3. 叠放裤子的位置下方有抽屉，用来收纳皮带。

每年两次换季的时候，对使用频率低的物品进行筛选

1. 柜子下方是存放过季衣物的位置。2. 衣橱深处的收纳家具用来存放外套、正装。3. 搭配正装的鞋子放在抽屉中。换季时确认不常用的物品，原则上新增1个，就要减少1个。

参考了近藤麻理惠女士的《令人生喜悦的整理魔法》（sunmark出版社出版）之后，我把不能令人愉悦的物品处理掉了。使用Royal的支架，组装横杆与合板，收纳经过严格筛选后留下的物品。

只保留喜欢的物品，令生活简单、快乐！

这是用来收纳我们夫妻衣物的步入式衣橱。这里曾经摆放着6个柜子。后来我将结婚12年来积攒的衣服削减了70%，处理掉了4个柜子！然后在空出来的墙壁上安装了可移动的柜子与横杆，把常穿的衣服挂在可见的位置。这样一来，每天可以迅速拿出要穿的衣服，小配饰也放在一起，非常方便。工作原因，丈夫基本不穿正装，我将他的休闲装进行开放陈列式收纳，对此他也很满意。

对于包包的收纳，还有需要下功夫的地方。我将在维持现有物品数量的前提下，进一步总结更便利的收纳方法。

我们拆掉了原壁橱的门，使其与寝室合为一体，作为步入式衣橱使用。这使早上的穿戴工作可以顺利进行。

全家4口人的日常衣物集中收纳在2个抽屉里，可以“嗖”地取出来

藤城久美子女士

独栋住宅二楼的3LDK/丈夫、我、儿子（17岁）、女儿（14岁）四口之家

* 藤城久美子女士喜爱的收纳产品刊登在第5章！

衣橱 / 在起居室内，宽310cm、深173cm、高240cm。入口处宽73cm。全家共用。收纳包括内衣在内的当季衣服、小配饰、日用品、书籍等。过季的衣服放在寝室里。柜子是身为手艺人的丈夫手工制作的，宽105cm、深45cm、高103cm，两个并排放置。挂杆和隔板也是丈夫制作的。

柜子是橡木的。拉手和柜腿用了不同的材质，用以变换风格。墙上装了白木的隔板，做成开放陈列式收纳架。

抽/屉/的/使/用/方/法
配/合/家/人/的/性/格

丈夫的大尺寸、
不怕起皱的衣服，叠起来摆放

女儿的吊带背心和袜子，
按照种类，分开立着摆放

儿子的袜子根据花色不同仔细分类

儿子的日常衣服斜着摆放，把花色露出来

1. 丈夫的衣服尺寸是大号。POLO衫、T恤、裤子等，按类别分开，叠着摆放，与抽屉的尺寸完全匹配。2. 女儿的吊带背心很小，叠放在正中间，袜子立在左边。3. 儿子的性格很大条，使用NITORI的布盒子充当隔断。4. 裤子、T恤、内衣，叠成宽约23cm的尺寸，斜立在抽屉里。

将/衣/橱/设/置/在/全/家/5/步/以/内就/能/到/达/的/地/点

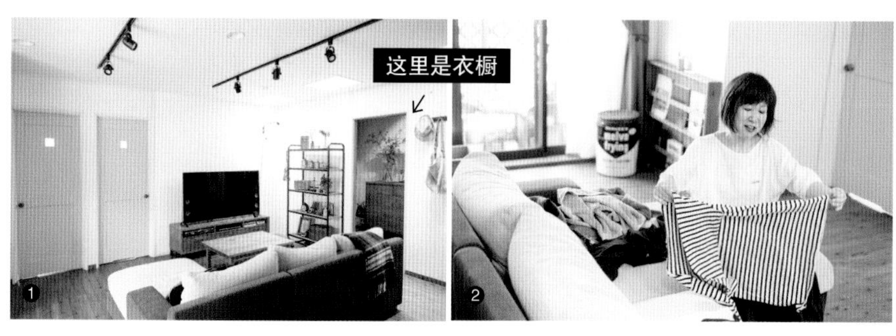

1. 我家是以起居室为中心进行房间布局的。衣橱离各个房间都很近，最适合收纳家人的衣服。2. 从阳台取回晾干的衣服，在沙发上叠好，放进旁边的衣橱。3. 丈夫有时候也会帮忙将衣服叠好拿过来。

混乱的储物间变身为家庭衣橱

一年前，这个衣橱是起居室里的一个储物间。除衣服外，日用品、漫画等书籍都杂乱地放在一起。

有一次，我发现了一个时尚的小店，我非常想要一个它那种装修风格的衣橱！于是我兴冲冲地决定对储物间进行大改造。

首先喷涂墙面，铺上复古风格的缓冲层，用来打底。然后将收纳空间分为悬挂高档衣服的区域和收纳日常衣服的抽屉。横杆和柜子，都是身为制造门窗隔扇手艺人的丈夫根据我的要求制作的。

按照家人衣服的尺寸和各自的性格，对抽屉的收纳方法进行了设计，使用起来很顺手。这个位置正对起居室，对全家人来说都很便捷。对储物间进行改造是非常正确的决定。

愉快地共用衣服，衣橱也变得整洁

这个储物间里原本有自带的收纳空间。但是挂杆长度80cm，只有现在的一半。这里不够收纳全家人的衣服，只能将衣服分散存放在其他房间。整理洗涤后的衣服也很麻烦。孩子们长大了，经常可以和父母共用衣服，我想还是收纳在一起比较方便。

借着改造储物间的机会，我重新整理现有的衣服，惊讶于父母和孩子都有大量的风格简洁的休闲装。于是我对必要的衣服进行严格筛选，不是按照衣服的所有者分类，而是根据衣服的颜色和形状挂在横杆上。哪种衣服多，一目了然。讲究时尚的丈夫，也减少了很多冲动性消费。

最近增加了一个洞板的小物品收纳专区。由于集中收纳了外出时的必要物品，所以穿戴搭配工作会在这里完成。每次外出前，大家都会七嘴八舌地讨论“穿什么好”这个问题，这里也成了全家人都喜欢的空间。

亲子共享外出服装，按照颜色分类排列，便于挑选

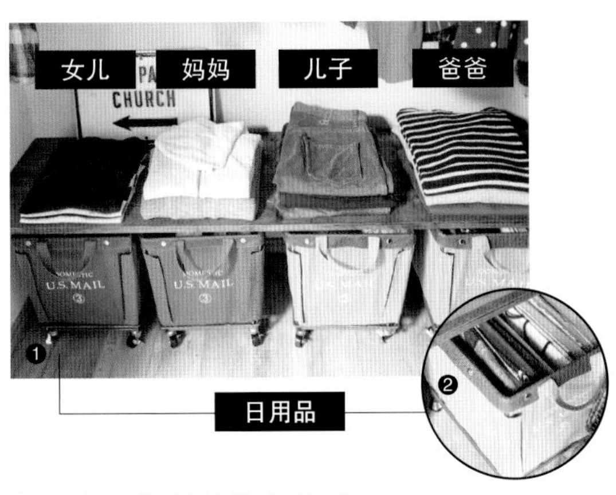

架子上下摆放的物品数量限制在最小范围

1. 把现在最喜爱的衣物用店铺风格陈列。2. 下面帆布质地的结实的U.S.MAIL提篮，用来分类收纳纸袋、旧报纸、清扫用具等日用品。

搭配工作也在这里完成

1. 横杆对面是穿衣镜，穿好衣服马上就可以确认。2. 丈夫收集的手表，摆成像杂货店一样的风格，收纳在马口铁的托盘中。固定放在柜子上面。

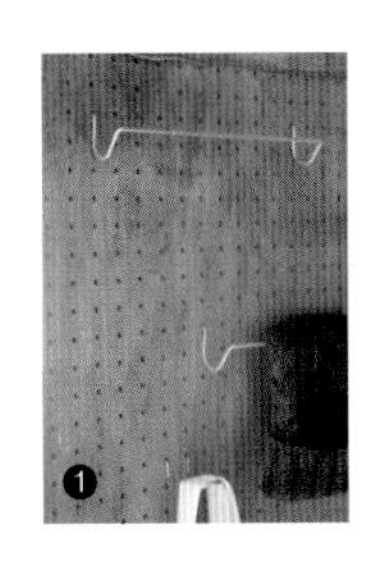

每天使用的小物品挂在洞板上

1. 洞板专用的钩子是从网上找的Amabro的产品。黄铜色是不是很漂亮？2. 帽子、手表等亲子共用的小物品，挂在出入口背后。

架子上的衣服，按照颜色和种类区分。横杆上的衣服，按照所有者分类。

全家人都喜欢衬衣，特别是白色和牛仔布质地的，所以把它们挂在最显眼的位置。横杆上的衣服由各自的所有者自行决定。

母女都热衷于让不用的衣服“外出旅行”，换季和打扫卫生都很轻松

桥本增美女士

2LDK的公寓/我、女儿（17岁）两口之家+3只猫

主衣橱 / 在卧室里，宽96cm、深55cm、高240cm。我专用。收纳当季的衣服。**步入式衣橱** / 在相同的寝室里，宽100cm、深130cm、高240cm。收纳我的过季衣服。**副衣橱** / 在女儿的房间，宽76cm、深59cm、高240cm。收纳学校用品、衣服、小配饰。**玄关衣橱** / 宽88cm、深29.5cm、高187cm。收纳我的鞋子和女儿非上学用的鞋子。

* 桥本女士喜欢的收纳用品刊登在第5章！

【桥本“外出旅行”原则】

确定每种物品的数量，一旦超出就要处理

1. 包包分为“休闲”“正式”两类，每种用一个箱子。使用Can Do夹子，写上物品名称。2. 当季的上衣，只能使用16个衣架。

不增加收纳盒，物品增加了就要处理

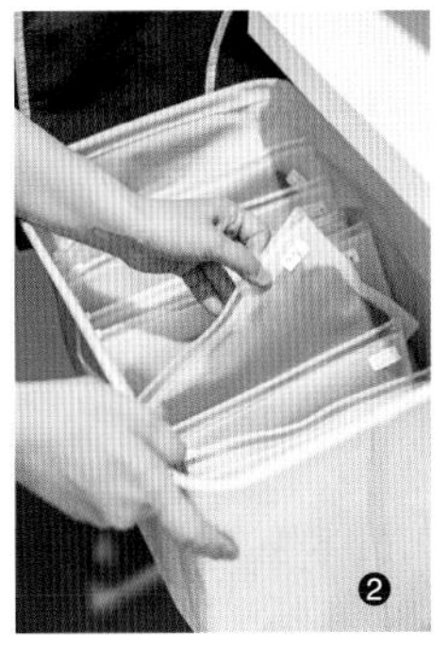

1. 从上至下依次为内衣和浴衣、靠垫套、居家服、运动服，只装收纳容器放得下的数量。收纳容器是标签为“mon・o・tone”的产品。
2. 打底裤收入无印良品的拉边袋里，1条裤子1个袋。

半年内不使用的物品转移至“释放BOX”

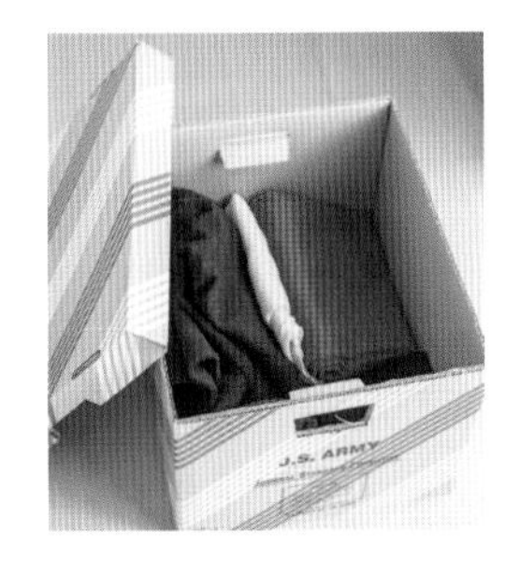

穿着不舒服或者不合适的衣服，放进“journal standard Furniture”的箱子里，积攒起来就处理掉。箱子有盖，可以遮挡灰尘。

靠近玄关的是我的寝室，里面是女儿的房间。我的房间里有两个尺寸紧凑的衣橱。

换季的时候，只需要将衣服连带衣架挪到隔壁的衣橱，5分钟完成！将“释放BOX”放在主衣橱中。

习/惯/放/弃/物/品，会/使/整/理/房/间/更/顺/利！

我家的规矩是，买了新衣服，就要重新检查收纳情况。衣架只有16个，多出来的衣服就要放进“释放BOX”里。半年内不使用的物品，经过确认后，要么送给亲戚朋友，要么交给网上“ZOZOTOWN”的收购服务。因为喜爱而买回来的衣服，扔掉会很难过。现在这样处理后，衣服就还有人继续穿，所以可以将其想成是“外出旅行”，以后能够更积极地面对处理衣服这件事。“外出旅行”，是我尊敬的整理收纳指导师梶谷阳子女士的名言。通过处理二手衣服得到的少量收入，又可以作为购买新衣服的资金。

我养成毫不犹豫处理闲置物品的习惯，是从购买现在这所公寓开始的。为了实现简约生活的愿望，我考取了整理收纳指导师的资格。以前认为扔东西是很浪费的行为，学习了收纳之后，觉得买了物品不用而将其闲置，才是最浪费的行为。由于物品少，家里看起来非常清爽！整理、大扫除变得非常愉快。

经常使用的喜爱的包包、披肩等，利用Bellemaison的门上挂钩悬挂起来。

STANDARD
J.S. ARMY
J.S. ARMY

当季用品

I love the smell
of possibility
in the morning
Take your time!

过季用品

STANDARD
J.S. ARMY
J.S. ARMY
PLEASE
DO NOT
DISTURB

女儿的衣橱收纳：全年使用的衣服，使用盒子彻底进行分类

1. 女儿平时都穿学校制服，日常衣服和包包，只用这些空间就足够。使用无印良品的布盒、衣物盒进行收纳。2. 在换季时与女儿商量，把不用的物品处理掉。腾出富余的空间，就可以买新衣服。

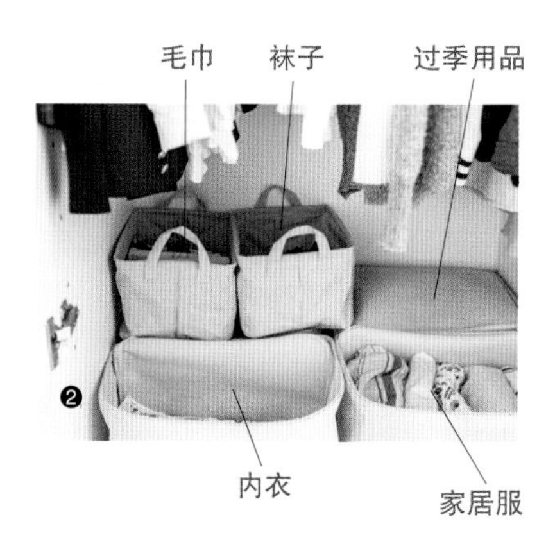

日常衣服与制服，要明确分区

1. 日常衣服共有外套3件、上衣10件、裤子5条。2. 横杆下方的架子上，最前面的是内衣与家居服。深处的物品上下分开，上层是每天在学校使用的物品，下层收纳的是过季物品。

两个人的所有鞋子都放在玄关的衣橱，当季鞋子每人6双

一层摆放4双鞋

上层是女儿的鞋，Can Do的鞋盒里放的是两个人的过季鞋子，下面三层是当季的鞋子。架子的宽度是89cm，摆放4双最合适。

这个衣橱里收纳的是我的工作用鞋、休闲用鞋和女儿的日常用鞋。过几天会把下层的长靴摆出来。

靴子只保留5双，其他的放入盒子

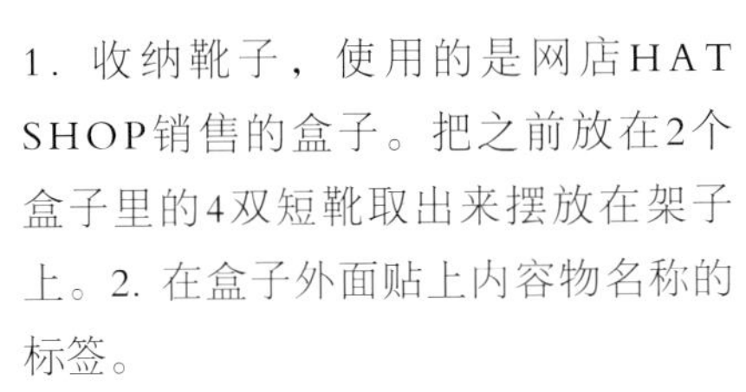

1. 收纳靴子，使用的是网店HAT SHOP销售的盒子。把之前放在2个盒子里的4双短靴取出来摆放在架子上。2. 在盒子外面贴上内容物名称的标签。

护理鞋子的用品，刷子两个、鞋油两种，放在篮子里。与绿植搭配，很有店铺风格。

经常使用的小配饰挂在门后

将NITORI可组合的钩子装在门后，用来悬挂包包。根据所需数量可随意增减钩子，很便捷。

我 / 倾 / 向 / 于 / 使 / 用 / 盒 / 子 / 的 封 / 闭 / 式 / 收 / 纳

为了让正在上高中的女儿可以自己管理衣橱，我帮她对衣橱进行了分类，使用了各种收纳用品。以前使用抽屉式的衣服收纳盒，但是放在深处的衣服很难取出，所以我改用有盖子的收纳盒，存放过季物品。篮子用来收纳每天要使用的物品，放在最靠前的位置。这样一来，不需我帮忙，女儿可以很好地让衣橱保持整洁状态。对于不常用的物品，判断起来也容易，然后把它们挂在Flea Market APPS的“Mercari”上进行处理。

玄关处的收纳，也基本相同。过季的鞋放在盒子里，当季、过季就区分得很清楚。

这种做法很适合女儿，她也很高兴。今后我们也会是好搭档。

CHAPTER

02

对壁橱、缝隙DIY

打造轻松的衣服收纳

“我家原有的衣橱太小，收纳空间不够用！”想必好多人都有这样的烦恼吧。尽管如此，我们也不应该就此放弃。收纳空间不足，可以自己动手扩充。不用一听自己动手，就很紧张。在便于使用的位置添加家具、横杆就可以。当然，如果能增添架子、穿衣镜等，会更加便捷。

我们给大家介绍一些简单的对衣橱进行DIY的方法以及适合它们的收纳方法。如果有可以效仿的地方，请您务必亲自尝试。

自/定/义/式/DIY/有/这/些/优/点

适材适所

“适当的物品放在适当的位置”，这才是收纳的意义。可根据需要打造收纳空间，是DIY最大的优势。比如在穿戴搭配的地方安装一个挂钩，就可以便捷很多。

打造适合自己尺寸的收纳空间

市面上销售的收纳产品和自家的收纳空间尺寸不合适——估计很多人都有这样的困扰。最近出现了品种丰富的可增加收纳空间的DIY产品。自己动手，可以使狭窄的空间、缝隙都变成出色的收纳空间。

可以灵活应对生活方式的改变

自由设计，可以应对孩子的成长、家庭成员的增加等各种变化，是DIY的魅力所在。自己动手制作，可以更加立体化地解决问题。

整理工作更轻松

有时髦装饰的架子、自然风格的横杆……手工制作可以使本不擅长的整理工作变得轻松愉快。100日元（折合人民币6.29元）的产品也可成为得力帮手。

不让人省心的丈夫也能做到自己的衣物自己收纳管理了

道岛宗美女士

3LDK的公寓/丈夫、我、大女儿（8岁）、小女儿（2岁）四口之家

* 道岛女士喜爱的收纳产品刊登在第5章!

丈夫的衣橱 / 在寝室里，宽89cm、深60cm、高220cm。用来收纳西服。宽119cm、深49cm、高81cm的抽屉并排摆放3个，用来收纳丈夫的休闲服、夫妻二人的内衣、过季衣服。

我的衣橱 / 在工作间，宽85cm、深36cm、高145cm。横杆用来悬挂我的时尚类衣物，宽85cm、深29cm、高95cm的架子用来摆放休闲服。

简单DIY

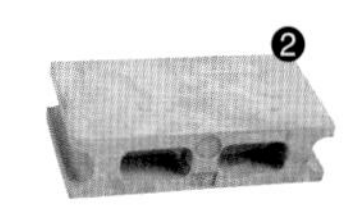

使用100日元的垫块制作临时衣架

1. 为了轻松增加收纳衣服的空间而制作的衣架。将桐木合板架在DAISO的发泡垫块上即可。2. 垫块使用深灰涂料，看着更真实。

桐木合板搭配聚氯乙烯波浪板，制作屋檐的造型

用五金件将桐木合板固定在墙上。上方的两端打进木质螺丝，在波浪板内侧左右两端安装三角铁，最后挂在螺丝头上。

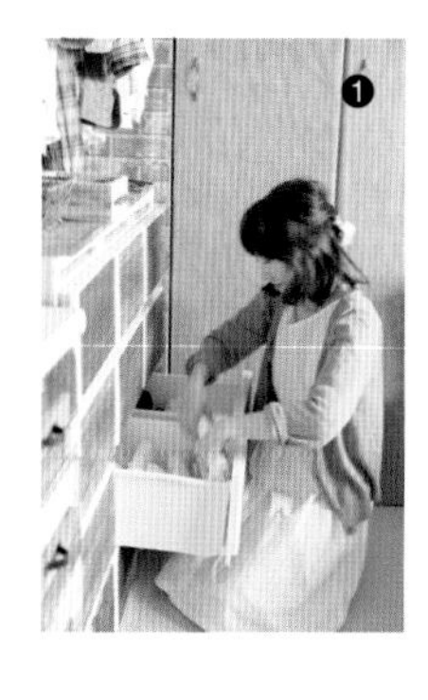

我负责管理门上、抽屉中的物品

1. 柜子里收纳了夫妻二人的内衣、家居服，抽屉里是过季的衣服。换季时我负责替换其中的物品。2. 穿过的西服收起来前，我会喷上除菌喷雾。

在衣橱的门、柜子、抽屉正面贴上壁纸，统一风格。寝室的格调也因此提升不少。

上衣挂在入口处

在带有挂钩的杉木板上安装三角铁，用钉子固定在墙上，可以用来悬挂开衫毛衣、帽衫。一个步骤就可以随时取用，对丈夫来说很便捷。

小配饰放在固定位置，由丈夫进行管理

1. 8条领带并排摆放在衬衣下方，清晰明了，便于管理，且易于和衬衣进行搭配。2. 手帕、纸巾、记事本，放在Seria的木盒里，3个并排摆放。

因/为/丈/夫/升/职，
设/置/了/他/专/用/的
开/放/陈/列/式/收/纳/区

丈夫以前每天上班都穿工作服，最近由于升职，西服的数量增多。但是我考虑后发现，没有足够的地方收纳……以前我家衣服的收纳工作就是走过场，但是现在必须重视起来了！

于是，以前塞满了各种衣服的夫妻共用衣橱，现在变成了丈夫的工作专用衣橱，用来收纳西服和高尔夫专用服装。常穿的衣服挂在柜子上方的横杆上，由他自己管理。

丈夫是个特别怕麻烦的人。脱下来的上衣以及钱包、车钥匙经常随手乱放，特别让我头疼。现在设置了专门挂上衣的区域，固定了摆放钱包、钥匙的位置，告诉他“放在这里”，他也能有意识地按要求做了。玄关、起居室，也不会再有丈夫乱放的物品，清爽了很多。一目了然的收纳，竟然能收到这样的成效，令我非常惊喜。

我的衣服和小摆设一起装饰，收纳、挑选时都很兴奋

针织衫、裤子，3—4件叠放在架子上

架子是以前定做的，宽85cm。这个尺寸正好可以摆放3列叠起来的衣服。这个数量足够穿一周的时间。

被自己喜爱的物品包围着，整理起来也很快乐！

由于衣橱成了丈夫专用的了，我的衣服就没有地方收纳了。于是我将工作间设置为我的新衣橱。好不容易有了这个机会，我很兴奋地开始设计。

我的目标是法式复古店铺风格。将现有的白色家具摆放过来，按照店铺风格放置衣物。我原本就没有过多的衣服，所以收纳风格上很重视给空间留白。

将首饰有设计性地一边收纳，一边达到装饰的目的，再摆上复古书籍、小灯，这处空间令我更加愉悦。无论整理衣服还是换季，心情都很好。

外出服15件，按照颜色挂起来

1. 正中间放置的是白色衣服，两侧分别是茶色、黄色系衣服。外套挂在玄关。2. 衣架使用的是NITORI的产品。风格自然，5个277日元（折合人民币约17元），很划算。

内衣类要卷起来收纳，按照种类分别放入篮子。

不想被人看到的袜子、打底裤、吊带背心等，卷起来放在高27cm的NITORI篮子里。袜子和吊带背心分上、下两层。

❶

简单DIY

横杆上面是开放式架子

安装横杆后，上面的空间也要利用起来，用螺丝将支架固定在墙上，搭一块涂成白色的合板。

❷

❸

首饰放进100日元的木盒、玻璃碗中

1. DAISO有隔断的木箱，2个摆在一起，正好可以放进木质小盒，变成小抽屉。2. 按照种类分别存放物品。3. 用作抽屉的小木盒，宽18.5cm、深19cm、高19cm。

我以前就一直喜欢studio CLIP等品牌的自然风格。只在特别喜欢的时候，才会购买。

一间壁橱正好收纳3个孩子的衣架和夫妻二人的衣物

远藤惠美女士

5LDK的独栋住宅/丈夫、我、大女儿（12岁）、小女儿（11岁）、小儿子（6岁）五口之家

* 远藤女士喜爱的收纳用品刊登在第5章！

嵌入式衣橱 / 在一楼的日式房间内，宽170cm、深84cm、高242cm。全家使用。3个孩子的衣服分别放在3个宽33cm、深75cm、高125cm的木条架子上。

副衣橱 / 在盥洗室的旁边，宽80cm、深60cm、高242cm。全家使用。收纳全家的内衣和丈夫的工作用装。

位于起居室旁边的日式房间。
平时开着门，保持家庭成员随时可以迅速换衣服的状态。

一楼有浴室、盥洗室、厕所。集中收纳全家衣物的衣橱，日式房间在起居室旁边的一角。

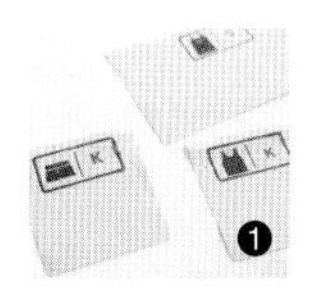

丈夫的工作用装和全家的内衣都放在卫生间。

1. 用印章把家人名字的第一个字和衣物种类盖在标签上。2. 内衣放在无印良品的抽屉式盒子里。3. 用无印良品的衬衣架来收纳丈夫的工作裤。

对开折叠门，便于利用衣橱两侧空间，在死角的墙壁上安装横杆。

每天早上，3个架子依次排好。孩子们起来后各自选衣服，在架子前换衣服。

在阳台晾干的衣物马上收起来

1. 洗涤的衣物，都从这个房间的清扫窗拿到外面去晾晒。2. 晾干后在屋里叠好，收纳进衣架、衣橱。3. 6岁的儿子还是个爱撒娇的孩子，自己整理衣物有些困难，时不时需要我的帮助。

100%利用壁橱深处的空间！

P50的衣橱，以前是壁橱，叠放了几个衣物箱收纳衣服，但是用着很不顺手。每次取衣服，都会弄得乱七八糟，非常烦人。最大的问题是深处的空间利用不到，于是我们下决心拆掉中间的隔板，安装了横杆，将其改造为衣橱。

然而，仅安装横杆，反而产生了空间利用上的死角……解决方法就是在衣橱两端纵向也安装横杆。两端用来收纳夫妻二人的衣服，中间的位置，用来收纳孩子的衣服。

为了利用此处空间收纳3个孩子的衣服，我们想了很多方案，最终选择木条架子。我们发现在DIY中经常使用的木条，尺寸和衣橱的纵深一致，必须好好利用起来。经过一番努力，最终完成了这个系统化的收纳空间。我觉得应该夸赞自己一下。

确保每个人都有1个收纳位置，穿戴、整理都方便

这些是根据衣橱尺寸制作的木条架

裤子叠起来放在架子上

为了让6岁的儿子容易看明白，衣服不要放进盒子，而要摆在明面。我整理起来也很轻松。

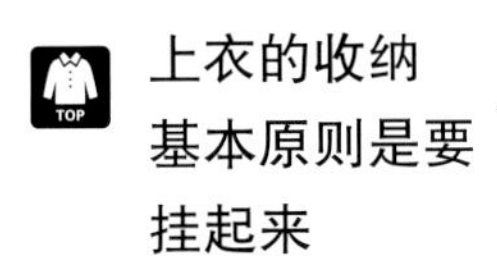

上衣的收纳基本原则是要挂起来

T恤、POLO衫、外套分类悬挂。孩子用的衣架很顺滑，是DAISO的产品。

内衣、袜子放在架子上，坐着就可以拿到

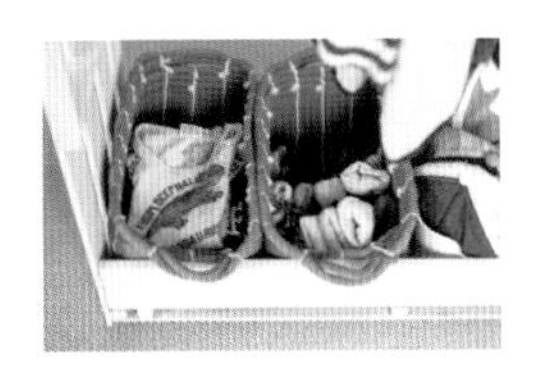

为了让孩子们可以自己选衣服、换衣服，贴身的T恤和袜子，收进ACTUS的布篮子里，放在架子上。

这是儿子用的架子。宽33cm、深75cm、高125cm。3个架子并排摆放，正好是衣橱开口的尺寸。

夫妻二人的衣服挂在防滑的衣架上

丈夫和我的衣橱在壁橱两端的墙上

丈夫的收纳区只有休闲装。上衣25件，裤子20条。POLO衫叠起来放在架子上。皮带挂在铁质横杆上。

1. 款式简洁易穿着的上衣15件，搭配上衣的裤子10条。杂物使用DAISO的有盖布盒进行收纳。
2. 帽子、包包集中存放，外出前的穿戴工作也在这里完成。衣架统一使用Costco的产品。

搭配好的衣服放在专用区域

使用铁链连接起的钩子，将流木吊起来。把前一天准备好的衣服、包包挂在这里方便使用。

简单DIY

只用6根木条，组合成箱型

1. 准备4根长750mm、2根长500mm的木条。侧板由750mm和500mm的木条拼接而成。架子的隔板和底板，直接使用750mm的木条即可。2. 横杆使用的是直径2.5cm的管子，用接头固定在架子上。

我/的/风/格/是
有/困/难/就/用/DIY/解/决

由于我们购买的是成品房，关于收纳，有很多令人苦恼的地方。最有效的解决方法就是DIY。改造衣橱的时候，不仅是增加横杆，为了看起来清爽，还在壁纸、增加隔板等方面下了功夫。孩子用的木条架，如果直接使用木条，看起来会很廉价，所以涂了白漆，感觉就会大不相同。这样就算摆在外面也没什么问题。丈夫和孩子们都说“使用方便”，我也很开心。

随着孩子的成长，肯定会出现各种各样的问题。我决定一边享受其中的乐趣，一边用DIY的方法来解决。

简单DIY

墙面安装木板，增设隔板&横杆

1. 在贴了灰色壁纸的衣橱内壁上，钉4块木板，这样石膏板的墙壁上也可以打螺丝了。木板还可用作隔板的支撑。2. 横杆利用连接器和木螺丝固定，可以放心使用。

设计成男士时装店的风格，DIY打造以衣服为主角的“舞台”

根来知穗美女士

4LDK的独栋住宅/丈夫、我、大儿子（16岁）、大女儿（14岁）、小女儿（11岁）五口之家

嵌入式衣橱 / 在一楼的卧室里，宽274cm、深93cm、高180cm。夫妻共用。收纳包括内衣在内的所有衣服、小配饰、鞋子。右侧的架子宽157cm、深43cm、高90cm。左侧的架子宽93cm、深63cm、高172cm。下层加装了柜门，收纳日用品。顶橱宽274cm、深93cm、高40cm。

打造店铺风格的技巧

Ⓐ 当季的物品全部开放陈列式收纳

拆掉面积约为一间半的壁橱的中间隔板及拉门，放入手工制作的架子和横杆，可以开放陈列式收纳约160件衣服。

Ⓑ 背景使用黑色墙壁和印刷字体涂鸦

四周墙壁及门框上端的横梁，都用Graffiti Paint的“Black Beetle”涂装，再用手绘和贴纸进行装饰。

Ⓒ 顶橱嵌入木箱，摆放帽子

按照顶橱尺寸制作4个木箱，还可以遮挡不想展露在外面的物品。帽子按照种类摆放其中。

Ⓓ 加装镜子，可以成为穿戴搭配专区

可以照到全身的镜子是必需品。周围挂上衬衣，摆放小杂物、绿植，就更像时装店了。

漆黑的颜色
非常适合男性风格的衣物

我偏好男性风格的时装。现有的衣物也多是男性风格的，和背景非常搭配。

开放陈列式收纳，
令我不会错过自己心仪的衣物

我对时尚的追求，从中学时代开始。随之而来的烦恼是，各种风格的衣服越来越多。结婚后，我们搬进这座公婆给的住宅，这个问题也一直没有得到改善。

每次想穿自己喜爱的衣服时却找不到……我要改变这可悲的状态。一番思考之后，我决定打造酷酷的时装店收纳风格。像时装店那样将衣服集装饰、收纳于一体，既可以控制衣服的数量和款式，又因为是自己喜爱的风格，做起来就会干劲十足！

首先，在黑色的基调上，用手绘、贴纸等装饰成有品位的涂鸦风格。把衬衣、连衣裙、外套挂起来，针织衫、裤子叠放在架子上。比起现在这样的摆放方式，以前塞进抽屉的方法真是浪费！这样摆出来，每件衣服都能得到更好的展示。我非常喜欢这个空间，整日都想守望着它。

想象着到真正的商店来选择日常用具和器皿

横杆前后两列，要留出供1个人进出的空间

1. 针织衫和牛仔服，以前都塞在抽屉里。现在都开放式地摆在杉木制成的架子上。2. 架子之间留有24cm的缝隙，可以进到最里面，是个“冒牌步入式”衣橱。3. 喜欢的、经常穿的衣服挂在步入式空间里。4. 横梁上固定2根宽45mm的方材，中间留出间隔，作为挂杆使用。

ACC

顶橱里安装
箱型糖稀色隔板

1. 将杉木板组合成箱型，正中间安装一块隔板，分成两层。涂上ESHA的“color oil finish”的松木色。2. 为了使帽子便于取放，高度要比顶橱矮2cm。

提升气氛♥

绿植、手绘文字
是装饰的重点

1. 将厚度为5mm的胶合板用螺丝固定在墙上，涂成黑色，用手绘文字进行装饰。在旧木材上安装U形钉当作钩子使用。2. 一想到穿戴搭配，我就更兴奋了。这是令我感到特别幸福的时刻。

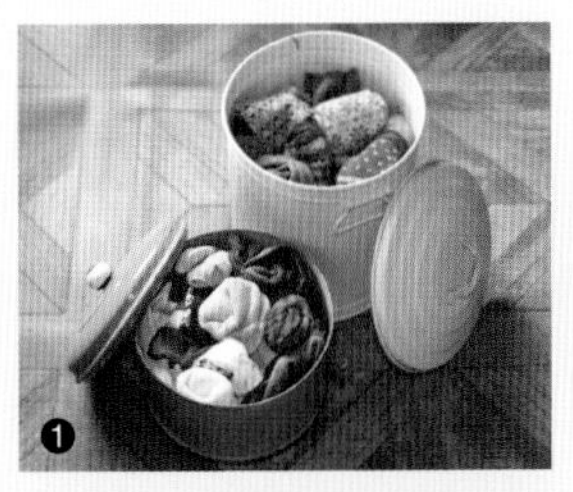

挑选像画一般的器皿，彻底打造舞台

1. 袜子按照长短分类，长袜放在从杂货店购买的白色罐子里，短袜放在从旧用具商店淘到的青色罐子里。2. 收纳皮带的钢丝篮筐是在和歌山的Pierrot买的。3. 特别是经常穿的鞋子，排放在杉木板上，摆在室内也没问题。

不想暴露在外面的物品使用篮子收纳

1. 电风扇、电暖器等，过季的日用品，收纳在左侧有门的架子下层。2. 上面两层是内衣的固定收纳位置。根据物品种类不同，统一放在篮子里。

以／店／主／的／立／场
“打／造／店／铺”

我在开始打造衣橱时，想的是“如果我是复古风的男士时装店店主的话”，为了打造时尚感，我对收纳容器进行了严格挑选。

帽衫、牛仔服、帽子，放在有做旧感的架子上。看起来容易令人感到杂乱的皮带、袜子，收进罐子、铁质的篮子等材质坚硬的容器里。除了视觉方面，还要顾及使用便捷的因素，比如横杆要前后排列，中间留出空间，拿取衣物要一个步骤就能完成等。家人都夸赞说“看起来真像商店啊！”虽然我不擅长收纳，但今后我会继续努力。

盥洗室旁边的储物间

在一楼的楼梯和盥洗室之间，宽73cm、深82cm、高200cm。夫妻共用。收纳包括内衣在内的日常衣服、丈夫的工作服、药品。木箱是手工制作的。

衣帽间

二楼的西式房间，面积为6张榻榻米大小。夫妻共用。收纳时尚服装、小物品、首饰。衣架为手工制作，横杆长75cm、底板深45cm、高160cm。

利用手工制作的抽屉，将位于一楼中心的储物间变为衣物收纳空间

敏森裕子女士

3LDK的独栋住宅/丈夫、我、儿子（7岁）、女儿（5岁）四口之家

* 敏森女士喜欢的收纳用品刊登在第5章！

配合被收纳物品的尺寸打造自定义式抽屉

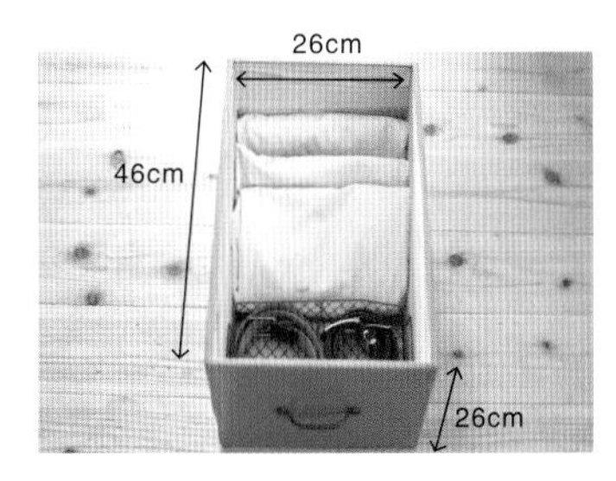

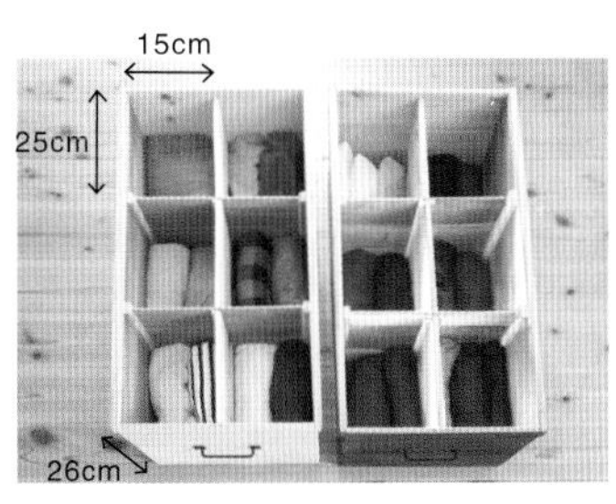

与裤子叠起来的尺寸完全匹配

丈夫的工作裤，先纵向对折，然后将裤长折4次，最后立着收纳，便于使用。

根据T恤卷起来的尺寸设置隔断

右侧是丈夫的，左侧是我的。先将T恤纵向对折，然后将衣长折3次，最后卷起来收纳。1个格子收纳2件。

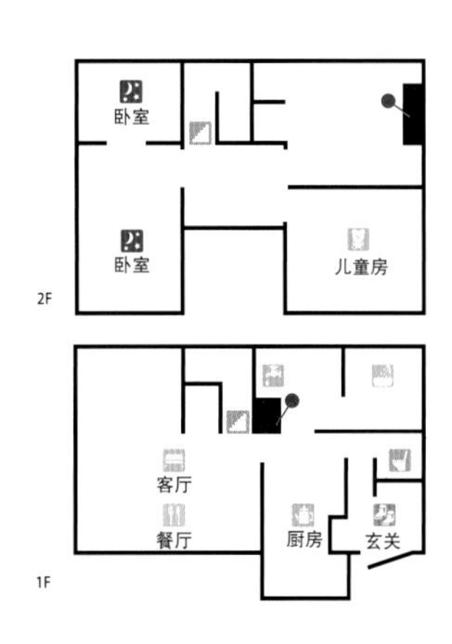

两层建筑的一楼，是起居室、厨房、餐厅、浴室、盥洗室。改造成衣橱的储物间在厨房边的过道上，紧挨着盥洗室。

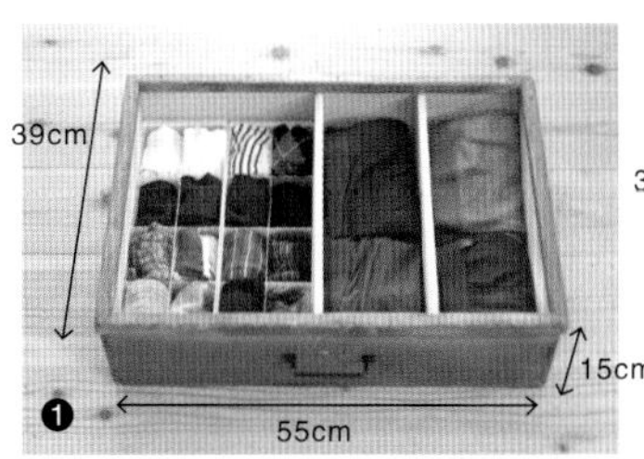

为了便于取用，袜子、内衣的收纳抽屉要浅且宽

1. 根据类别不同，配合衣物叠起来的尺寸用板子设置隔断，分成3个区域。2. 袜子专区使用DAISO的分区盒，可以更加细化分类，便于选取。

丈夫在这里完成穿戴工作

收纳位置紧靠盥洗室，洗脸、换衣服一气呵成。丈夫早上6点起床，自己拿出衣服换好。

简单DIY

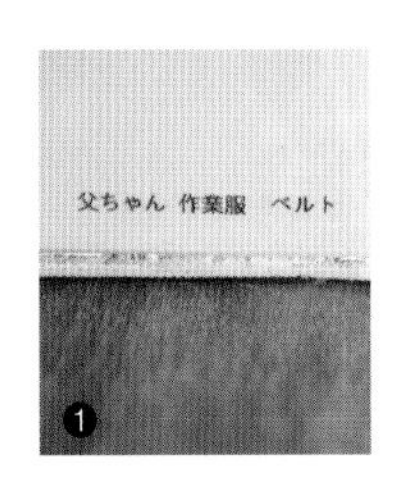

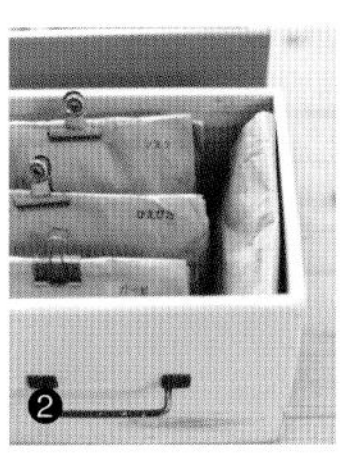

给看不到内容的收纳容器贴上标签

1. 使用打码机制作小标签，写明里面物品的名称，丈夫就不会搞错。2. 最上层的两个木箱里放的是药品。根据种类分开存放在袋子里，写上物品名称，便于使用。

将/日/用/品/储/藏/间/改/造/为
抽/屉/式/的/衣/物/收/纳/间

不久前，我们夫妻二人的衣物还都放在起居室的角落里。但是，洗澡时拿取更换的衣服，非常麻烦。那个位置在楼梯下方，天花板是倾斜的，以成人的身高，必须半蹲才能拿到物品。

要说一楼可以当作收纳空间的，就是盥洗室旁边的储藏间。我发现这里处于一楼的中央位置，便于行动，洗澡时在此取衣服也非常方便。之前我打算用这里来存放日用品，没想当作衣橱来使用，但现在我认为利用这里收纳衣服，会令生活更便捷。于是，我们在储物间安装了支架，增设了隔板，根据衣服尺寸，手工制作自定义式木箱。

这个木箱，是擅长木工活的公公帮我们制作的，配合被收纳衣服的种类、衣服的折叠方式来进行分区。袜子这种零碎的物品，变得更容易区分，洗涤后的T恤收回后也可以马上叠好收起。早上穿戴的时间明显缩短，丈夫也很高兴。

收放洗涤衣物也很轻松

1. 从盥洗室里面的后门走到院子里，收回晒干的衣物。2. 在木箱上叠衣服，然后收纳。丈夫每天要穿的工作服，放在第三层，拿的时候不需要弯腰。

衣架是公公用铁杆焊接制作而成的。
还安装了钩子、做旧木板，很正式。
右侧是丈夫的，左侧是我的。

夫妻二人的高档衣服挂在款式复古的手工衣架上

外出时使用的物品都在这里

桌子上常备熨斗，发现衣服有褶皱时立即熨平。首饰也都放在这里。

仔细保管经过严格挑选的高档衣服

我的信条是高档衣服不需要多，应该少而精。因为数量少，之前把它们都收在抽屉里。但是洗涤之后要仔细叠好，外出时又要熨烫，很费事。

于是我们拜托公公帮我们做了一个挂高档衣服用的铁质衣架。衣服挂起来，不会起褶，便于管理。以前分散放置的包包、首饰也集中到了一个房间。

自己现有的衣服、小配饰，一目了然，易于搭配、组合。以后我会继续爱惜每件衣服。

爱惜衣服，长久穿着

只买自己非常中意的衣服，是我坚持的一个原则。保管的时候注意不要伤到衣物。

灵活利用像古董一样的收纳容器

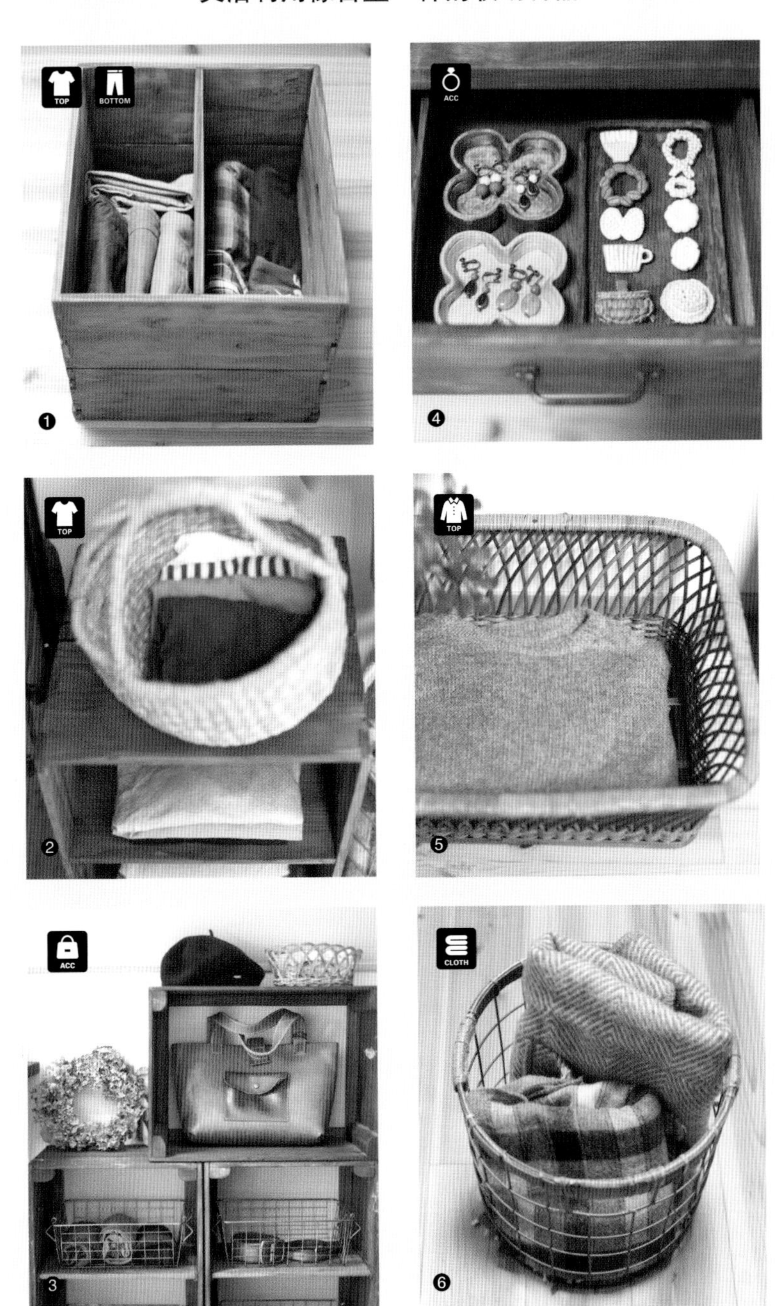

1. 将杉木制作的木箱摞起来，可以改变高度，右边是丈夫的上衣，左边是立起来收纳的裤子。2. 我在Lohas Festa买的篮子用来收纳我的吊带背心。3. 手工制作的菜篮，叠放在架子上。尺寸可以自由调整。4. 桌子的抽屉里，我特别喜欢的陶瓷胸针摆放在托盘中。5. 等待下次登场的针织衫放在古董筐里。6. 铁质的篮子，是从兵库县的Osmund Drive购买的。

DIY寝室一角，打造时尚的步入式衣橱

大野麻美女士

独栋住宅二楼的2LDK/单身赴任中的丈夫、我、大儿子（13岁）、小儿子（11岁）四口之家

* 大野女士喜欢的收纳用品刊登在第5章！

步入式衣橱 / 在卧室里，宽150cm、深195cm、高236cm。夫妻共用。收纳包括内衣在内的所有衣物和小配饰。

房子自带的衣橱 / 在同一寝室内，宽72cm、深60cm、高180cm。夫妻共用。收纳外套和过季衣服、高档的鞋子。

刚结婚时买的柜子放在房间中当隔断，看着非常做作……

before

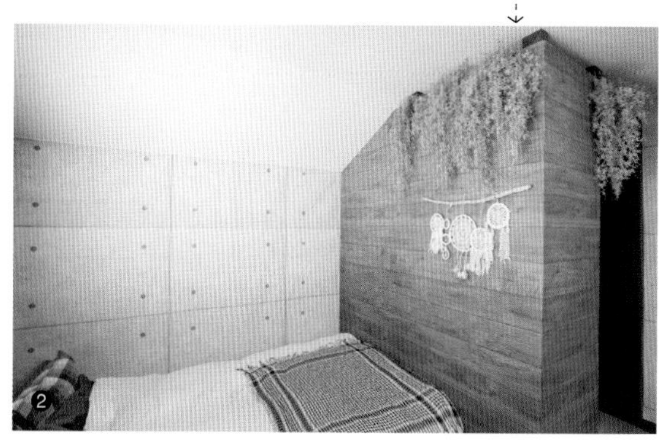

寝室与衣橱完全分离，非常清爽

1. 从起居室进入卧室，衣橱就在旁边，可以轻松整理洗涤过的衣服。2. 贴上木纹的壁纸，可以遮挡生活的杂乱感。绿植和蕾丝装饰可以提升格调。

"Dear Wall"使/我/梦/想/成/真！

我们和公婆一起住在有些年头的独栋住宅，我们在二楼。我一直对步入式衣橱充满向往，但现实令我放弃了梦想。

由于房子自带的衣橱不够用，我们在卧室一角放了柜子，并在墙上安装了架子用来收纳衣服。但是柜子的视觉效果和收纳效果都不佳。

这时我发现了可以用来支撑柱子的2×4规格的支架"Dear Wall"。我灵光一闪，说不定可以利用它来建造墙壁，打造步入式衣橱。

墙壁的材料是在Home Center发现的1块约400日元的石膏板。这比使用木板便宜很多。将石膏板根据倾斜的天花板的角度进行切割，用木螺丝固定在柱子上。这样两面墙围起来，在入口处安装拱形的挡板，我心心念念的步入式衣橱就完成了！

衣橱里面布置成店铺风格，我每天都很开心。连儿子们都说："妈妈，你最近很开心啊！"

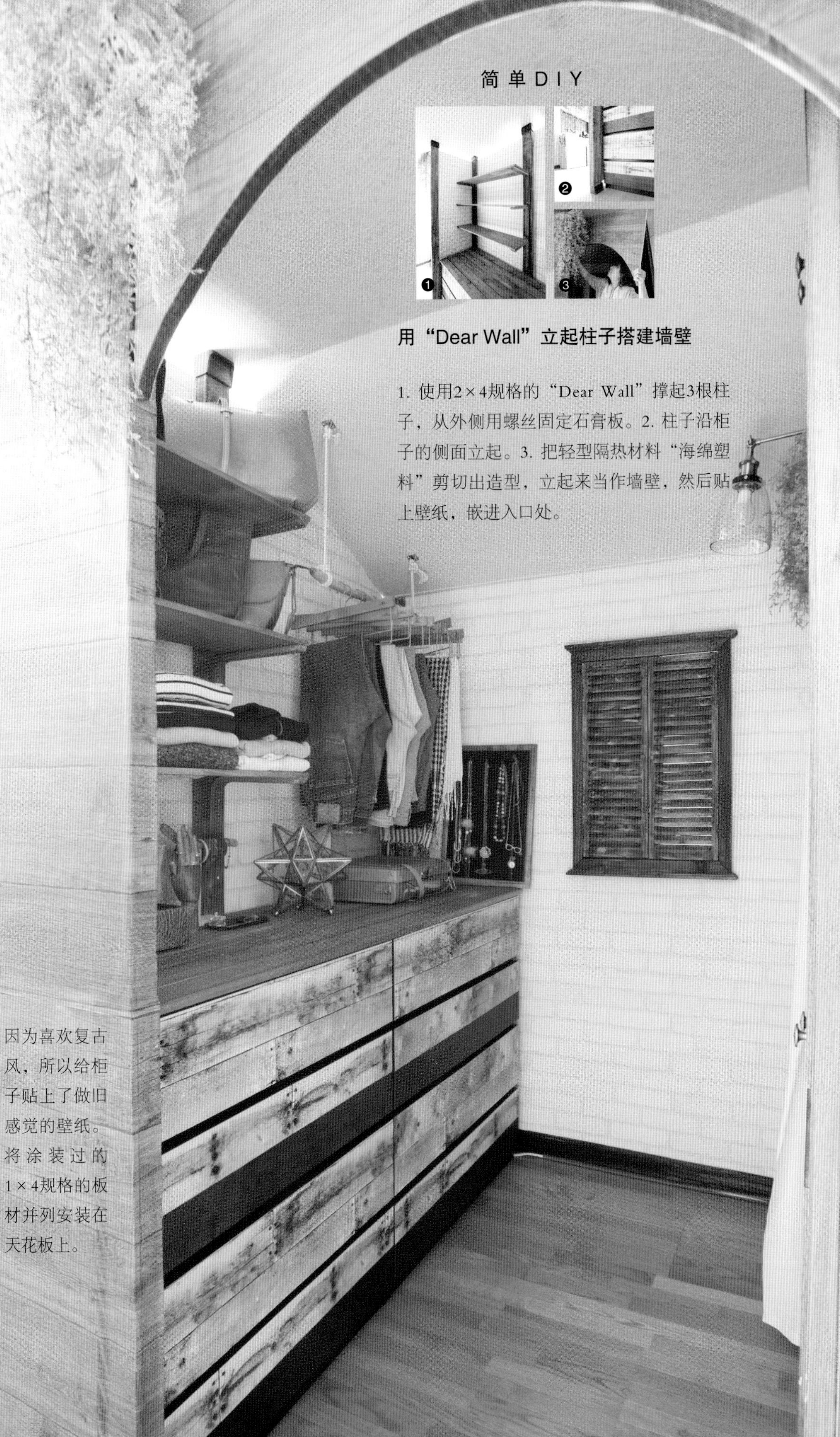

简单DIY

用“Dear Wall”立起柱子搭建墙壁

1. 使用2×4规格的“Dear Wall”撑起3根柱子，从外侧用螺丝固定石膏板。2. 柱子沿柜子的侧面立起。3. 把轻型隔热材料“海绵塑料”剪切出造型，立起来当作墙壁，然后贴上壁纸，嵌进入口处。

因为喜欢复古风，所以给柜子贴上了做旧感觉的壁纸。将涂装过的1×4规格的板材并列安装在天花板上。

将一个月内要穿的时尚衣物用衣架挂在自己制作的架子上

安装在柱子上的架子宽91cm，
正好可以摆放3列叠好的上衣。
架子的隔板是马六甲方料合板。

按照颜色分类，挂10件衣服。
衣架是在附近的杂货店买来的，
1个500日元左右。

能振奋心情的物品摆在外面，影响心情的物品藏起来

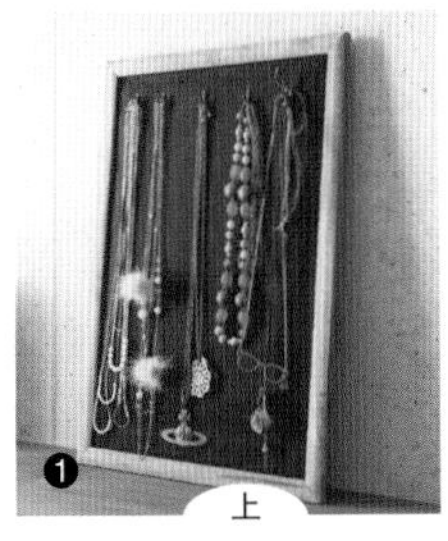

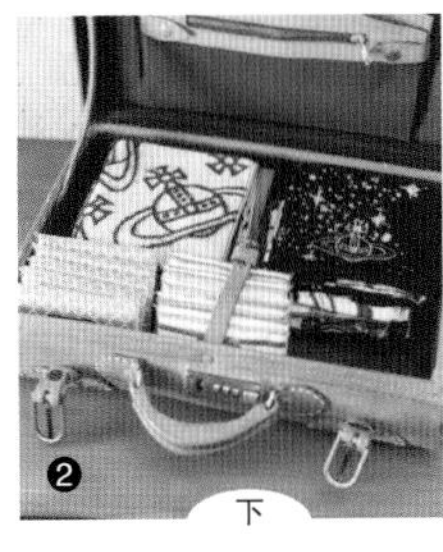

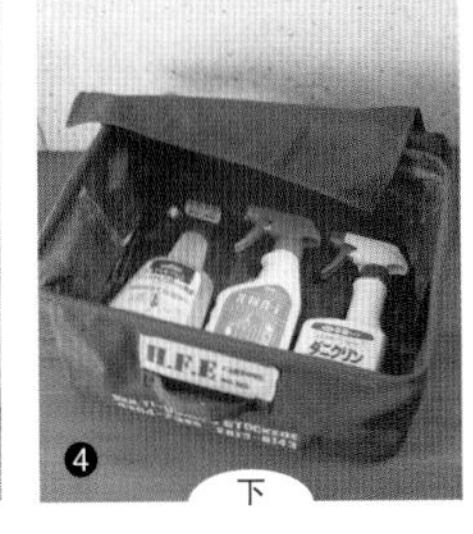

1. 在DAISO的软木板上贴上黑色的毡布以提升档次。插上大头针，用来挂项链。2. 纸巾等有杂乱生活感的物品放进复古箱里。3. 胸针、墨镜并排收纳在从Homac购买的复古木箱里。4. 喷雾剂放进Salut的布包中。

简单DIY

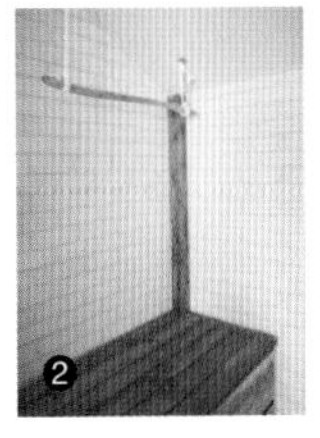

利用绳子和流木增设衣架

1. 用螺丝将长吊耳板固定，用棉绳连接起来。2. 使用绳子和流木打造异国风情，与砖纹的壁纸非常搭配。

过季物品收进房子自带的储物间

1. 秋冬季外套和较长的连衣裙等过季的衣物收进房子自带的储物间。2. 需要穿的皮鞋固定放在这里。穿戴搭配时很方便。

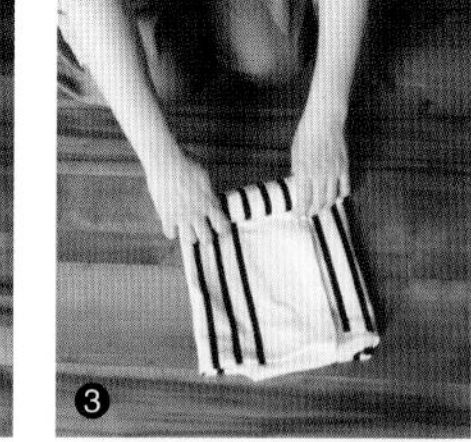

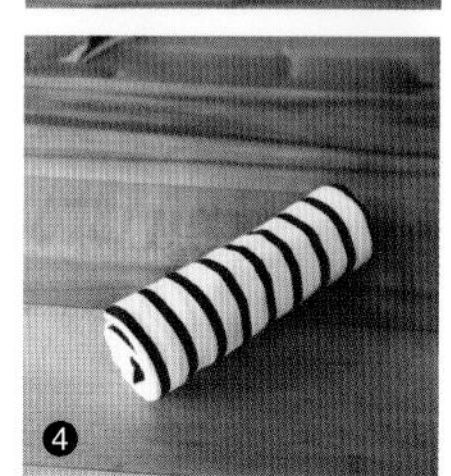

日常衣服
集中在柜子里

抽屉共有8个。6个用来收纳丈夫的衣服。剩下2个用来分类收纳我的日常衣服和睡衣、内衣。

常年独自生活的丈夫亲传！令衣服节省空间的叠法

1. 衣服背面朝上，将两个袖子折向中间。2. 将衣长三等分折叠起来。3. 把衣服横向卷起来。4. 完成。既节省空间又不易起褶。这是刚结婚的时候丈夫教给我的。13年来我一直使用这个方法。

利/用/展/示/性/收/纳
明/确/自/己/的/喜/好

衣橱内部，是我自己的天地。我很执着于自己喜爱的内装风格，贴上了中意的西海岸风壁纸，改造了柜子。在这个自己打造的空间里，按照常去的店铺风格尽情地展示衣服、小配饰，终于实现了自己的愿望。

通过将自己喜爱的衣服“可视化”，可以明确自己对服装的喜好。我的衣服中，款式简洁自然的占八成，剩余部分是带有民族特色的服装，是我现在特别钟爱的。随着喜好改变，不穿的旧衣服也能及时处理。每次换季时也会重新挑选。

CHAPTER

03

人气室内装修博主
lovelyzakka
泷本真奈美女士的提议

利用CAINZ的收纳用品 使乱糟糟的衣橱大变身

为了保持衣橱干净整洁易于整理的状态，
正确挑选收纳用品非常重要！
室内装修&收纳达人泷本真奈美女士关注的
是Home Center里CAINZ的收纳产品。
设计简洁但很时尚，用着非常顺手。
这样的产品，一定可以帮到因乱糟糟的衣橱而烦恼的新手妈妈们！

CAINZ是家这样的店

以“更好的品质更低的价格”为宗旨，通过丰富的产品提供“丰富的生活”。连续5年获得“Good Design”奖，在原创产品方面也有口皆碑。

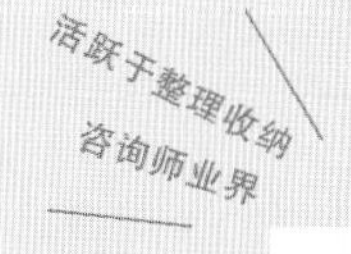

泷本真奈美女士

与丈夫生活在爱媛县。从写博客开始，如今已出版3本书。现在作为整理收纳咨询师、室内造型师活跃于公众面前。居然有5个孙辈！

本杂志刊登的商品信息截至2017年9月。某些商品部分店铺没有销售。
会发生商品内容变换、价格变更、售罄等情况，敬请谅解。P71–85中的价格为含税价格。

收纳专家泷本女士提供品质保证 CAINZ的收纳产品有这些优点

1 设计简洁又时尚

没有市面上其他产品那样多余的LOGO、装饰。颜色也以易于搭配的白、黑、灰、茶色等为主，无论选哪个都不会失败。

2 用心的设计随处可见，令家务更轻松&愉快

宽13cm的箱子，不打滑的衣架，可以叠放的篮子等，这样款式简洁、使用方便的产品有很多。家务做得顺手，心情也会变好。

3 非常立体

几个硬币的价格就能买到很多小收纳用品，都是大小重量适中的产品，深得主妇喜爱。想改变收纳区域模样的时候，批量购买价格也不会很贵。

4 产品细节充满独创性

CAINZ的很多商品都带有鲜明的独创风格。人气产品“Skitto”曾获优秀设计奖。讲究取放的便捷性，是其独一无二的设计特点。

主衣橱 / 在二楼的卧室中，宽165cm、深80cm、高230cm。收纳一家三口的所有衣服、包包等配饰。另外还存放毛毯、护膝、毛巾、洗衣液、晾衣架等日常物品。婚前买的抽屉、邮购衣物盒组合使用进行收纳。

“职场妈妈忙于家务、育儿，没时间整理衣物……”

咨询者 宍户梨沙女士

4LDK的独栋住宅/丈夫、我、儿子（2岁）三口之家+1只狗

从事看护工作的职场妈妈。2年前买的房子，因为太忙，完全没时间整理。

BEFORE

泷本女士检查后发现了这些问题

晾衣服的用品也放在里面

从阳台收进来的晾衣架直接放进了衣橱。收纳在离晾衣场所更近的位置才更好。

收纳用品没有计划性和统一性

出于应付而购买的收纳用品，颜色、形状、尺寸都不统一。泷本女士指出：“没有标签，很难得到家人的协助。”

物品没有固定的存放位置

不仅是衣橱中，房间里也到处是临时放置的物品。不但看着很乱，而且也是物品满溢的原因。

明显的堆放式收纳

抽屉里面的衣服采用了堆放的方法。因为找下面的衣服会把抽屉里弄乱，导致他们只穿放在上面的衣服。

在盥洗室使用的毛巾为什么放在这里

洗澡前要跑到二楼来取毛巾。“行动路线很不合理，不仅令人烦躁，也不能有效利用空间、时间。”

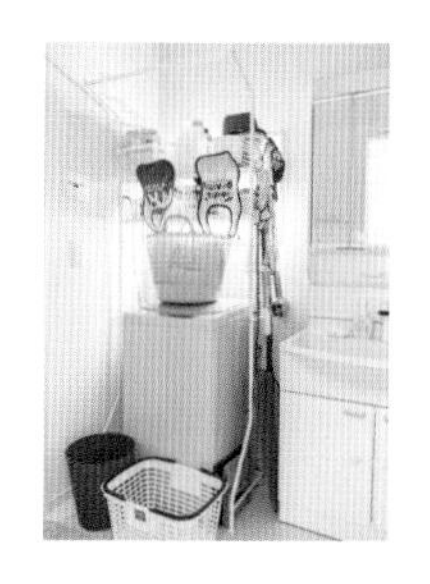

一楼的盥洗室这个样子

随意往空着的位置塞物品，无法把握到底哪里放了什么。取洗衣液也很费事。

来咨询的宍户女士，一边上班一边忙于2岁儿子的养育。“做饭、打扫卫生、洗衣服，一天就结束了。完全放弃了考虑收纳的问题。等注意到的时候，已经过去了两年。泷本女士请帮帮我！”

于是泷本女士到访宍户女士家，确认了衣橱的情况。“经常穿的衣服却放在很难取出的位置，不在这里使用的毛巾、洗衣液却收纳在这里。做家务和穿衣准备工作都很困难……”

育儿很费精力，再增加找东西的时间，压力会更大。首先应该决定物品收纳的固定位置，使用后的物品马上可以放回原处。目标是打造一个让忙碌的宍户女士能轻松整理的衣橱。

1 处理掉一年中都不穿的衣服

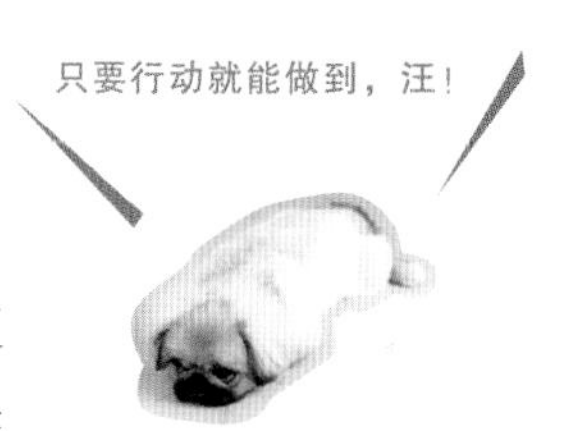

“要把所有衣服都拿出来，确认一下数量。如果拿不准需要还是不需要，就先放进保留箱，如果一年都不穿，就处理掉。保留自己能够管理的数量，是保持长期整洁的关键。”

“需要”“不需要”，10秒内做判断

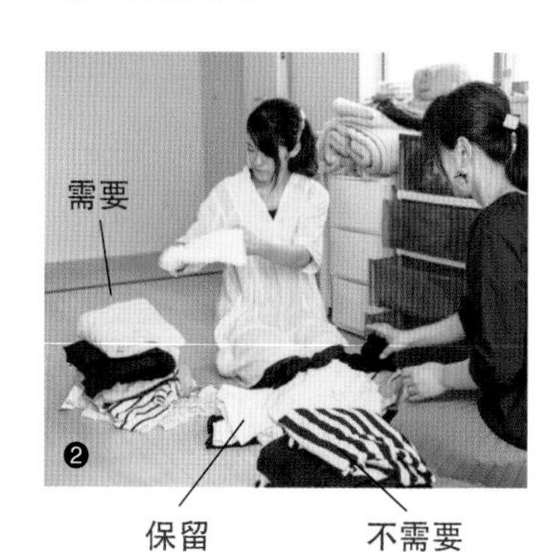

减少了这么多！

1. 一旦开始犹豫就会停不下来，所以要凭直觉当机立断。如果拿不准，就先留下。
2. “宍户女士判断得很快！”泷本女士也有些惊讶。保留的物品先放入箱子，定期筛选。
3. 处理了两个垃圾袋的衣服。

2 选择一个自己可以保持的收纳方法

泷本女士强调“选择一个符合自己性格、生活习惯的收纳方法非常重要”。宍户女士不能在收拾整理上花很多时间，也不擅长叠衣服。泷本女士介绍的收纳方法充分考虑了以上特点。

给时间不够用的宍户女士推荐以悬挂为主的宽松收纳方法

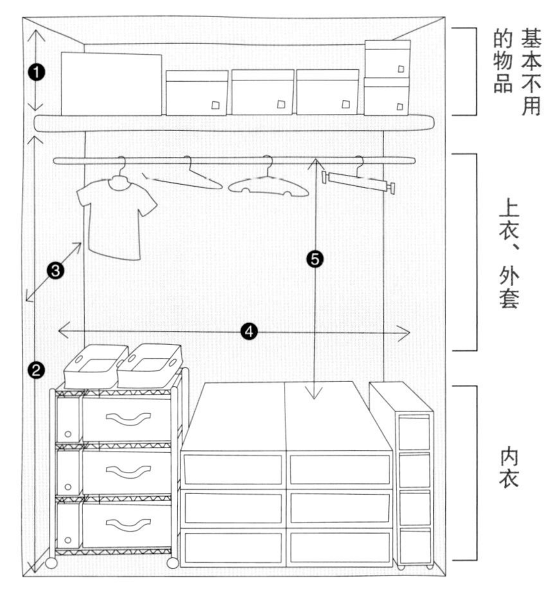

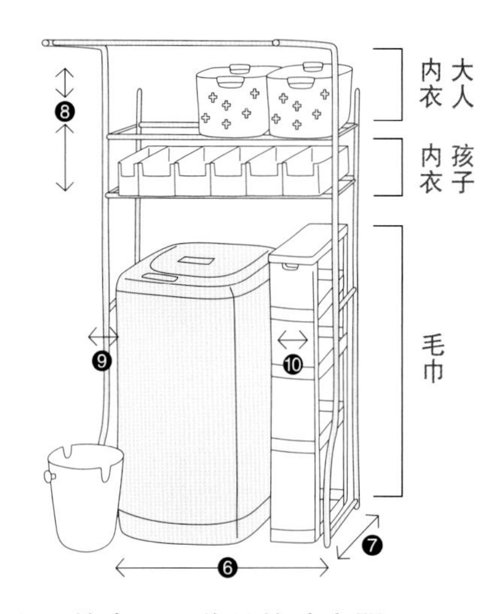

上衣尽量挂起来

衬衣、针织衫、连衣裙要挂起来。减少叠衣服、放入抽屉的动作，会轻松不少，衣服也不易起褶，可以减少熨斗的使用。

上层的盒子里收纳换洗衣服

洗澡后要使用的换洗衣服、纸尿裤放在更衣室才方便，所以要在这里设置一个收纳场所。更换收纳用品，便于取放每日需要使用的毛巾、洗衣液。灵活利用洗衣机周边的空隙。

一定要对上面两图中的①~⑩进行测量，带着尺寸去采购！

对衣橱整体的宽、深、高、顶棚高度和悬挂的衣服的长度进行测量。纵深一定要在地板上测量。

3 使用造型时尚的CAINZ收纳用品，打造令人有整理意愿的收纳空间

手拿衣橱改造计划和测量的尺寸，来到泷本女士推荐的CAINZ。寻找符合尺寸要求的产品。统一使用自己喜欢的颜色、款式，就可以心情愉快地进行整理工作。

走，去CAINZ！

我们去的是CAINZ HOME昭岛店

这里生活用品种类丰富。有材料馆、园艺用品等，还有宠物医院、宠物酒店等设施。宍户女士也很喜欢这里，“经常到这里集中采购日用品”。

看板很大，容易找到！

以白色为基础，
搭配灰色，
搭配出成熟的风格！

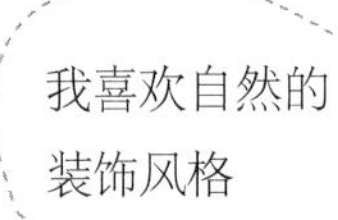

这样的话！

看起来简单易用

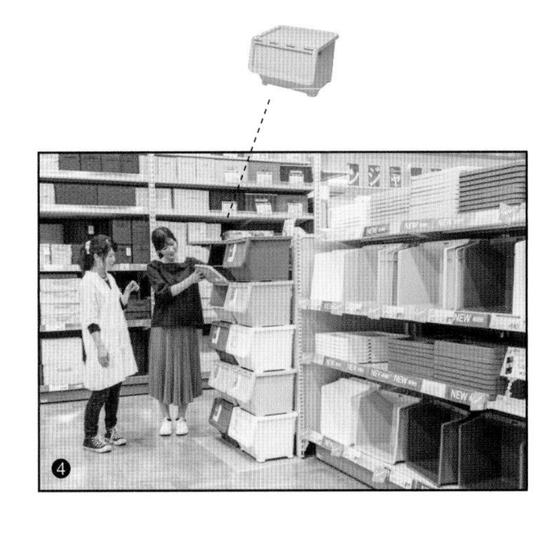

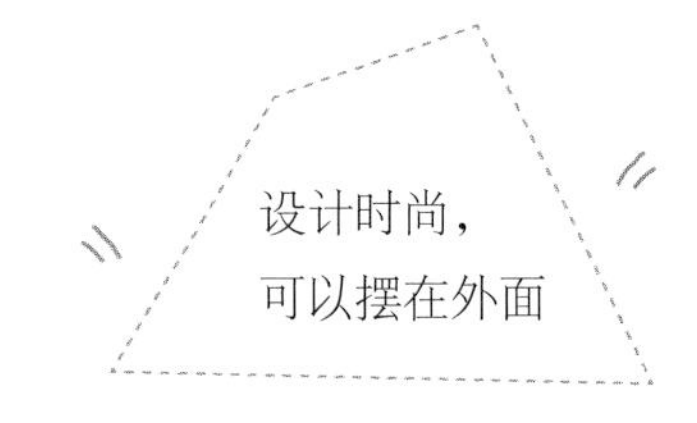

也试试
厨房用品

买了这么多!

1. 看板按类别分区。可以迅速找到想要的物品。2. 确认泷本女士的收纳计划。寻找宍户女士喜欢的物品。3. 盒子中有隔断的产品专区。品相优异，令人惊讶。4. 人气商品“Calico”有了新颜色！“容易打开，亚光的质感很好”，泷本女士赞不绝口。5.“Skitto”获得优秀设计奖。外形简洁，使用便利，受到好评。6. 以白色盒子为主，同时购入灰色的布篮。

4 分别指定摆放位置，打造不用费力就可以保持整洁的收纳方法

泷本女士和宍户女士选择了这些商品。收纳用品统一以白色为主，看着清爽。大人的日常衣物使用半透明的抽屉，孩子的物品使用盒子收纳，物品可以迅速取出。

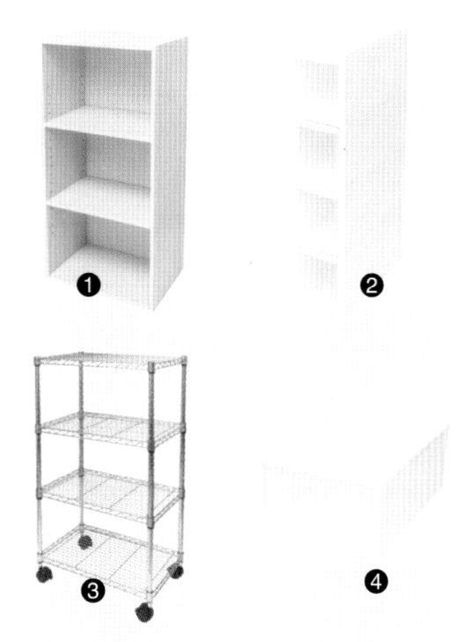

款式简单、统一的收纳家具

高度接近，视觉上有统一感。1. 木纹的彩色盒子S5，三层，白色，宽440mm、深290mm、高880mm，1780日元。2. 窄柜，四层。宽170mm、深415mm、高833mm，2780日元。3. 滚轮架55，四层，宽550mm、深340mm、高1210mm，3480日元。4个滚轮单独销售，498日元。4. 立体式便于叠放组合的衣物盒M，宽390mm、深530mm、高220mm，980日元。

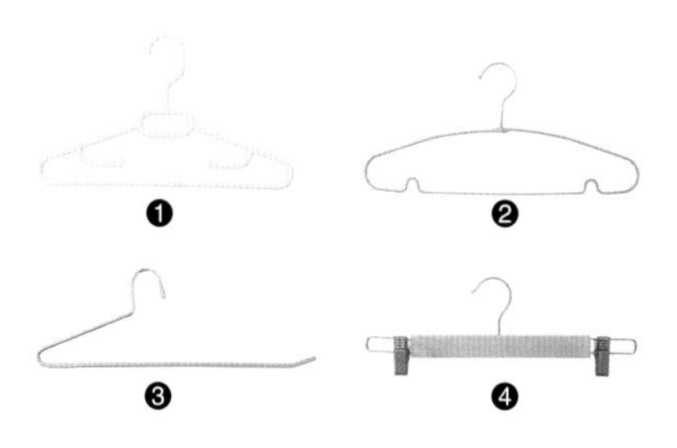

重视质感的衣架

统一使用CAINZ的产品挂衣服，高度一致，会很漂亮。1. 儿童衣架4个一组。宽314mm、厚8mm、高187mm，198日元。2. 钢制衣架5个一组。宽400mm、厚4mm、高188mm，298日元。3. 钢制女士西裤衣架2个一组。宽355mm、厚4mm、高120mm，298日元。4. 半身裙衣架。宽345mm、高120mm，128日元。

天然材质的篮子、雅致的纸箱是关键。1. trv有盖盒LL。大约宽310mm、深400mm、高215mm，598日元。2. 纺织盒，深灰。大约宽400mm、深260mm、高240mm，598日元。3. 少见的灰色藤条篮，只有在CAINZ能见到。内衣盒藤条篮，灰色，浅型。大约宽400mm、深260mm、高120mm，1580日元。4. 另一尺寸的藤条篮，高240mm，2480日元。

可隐藏
内容物的盒子

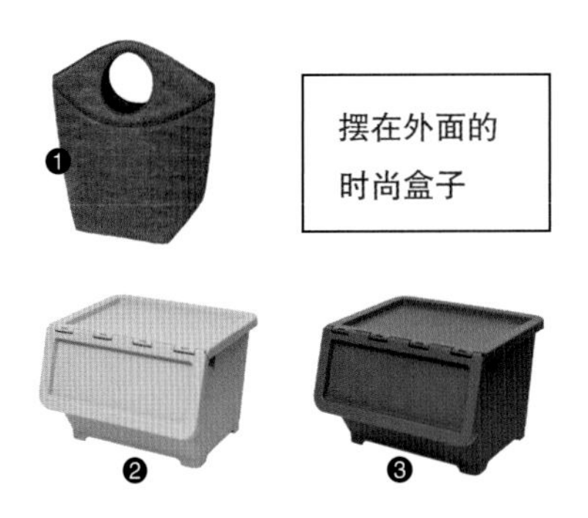

摆在外面的
时尚盒子

1. 布制可搬运篮子，灰色。1280日元。2. 棕垫质感和简单色调的室内装饰盒，雪茶色。可叠放，很方便使用。宽440mm、深385mm、高310mm，980日元。3. 雅致色的装饰盒。除此之外还有7种颜色。

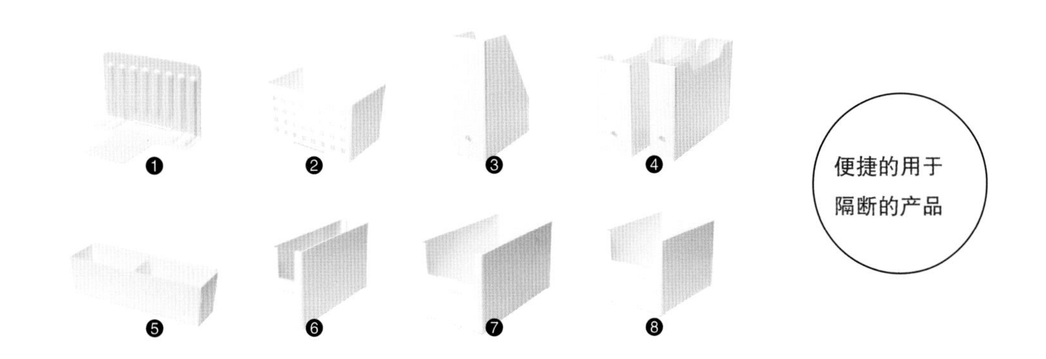

便捷的用于
隔断的产品

直线式设计，可以有效利用空间。1. 可联结式抽屉内用隔断，2个装。宽165mm、深130mm、高105mm，148日元。2. 可与隔断组合的整理盒。约宽180mm、深115mm、高105mm，178日元。3. 结实的文件盒，白色。宽110mm、深247.5mm、高317mm，498日元。4. 可以隐藏内部物体的文件盒。窄型（右），大约宽75mm、深340mm、高242mm，498日元；宽型（左），约宽110mm，598日元。5. 带可移动式隔断的抽屉内用整理盒S号。约宽329mm、深94mm、高93mm，348日元。6. 整理收纳小物品盒Skitto，窄型，既可单独使用，也可当作隔断使用。附带可联结夹子。宽70mm、深282mm、高152mm，398日元。7. 大号收纳盒，宽140mm，598日元。8. 中号收纳盒，宽140mm、深212mm，498日元。

衣橱

从数量多的内衣开始整理
使用频率高的物品放在正中央

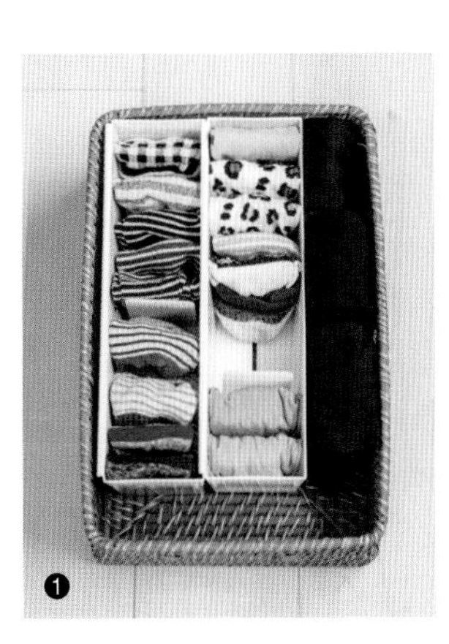

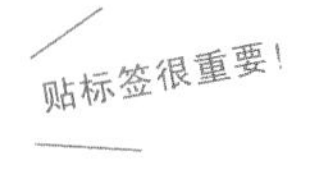

贴标签很重要！

按所有者和类别区分，立起来收纳

1. 为了不混乱，孩子的袜子要卷起来排列在抽屉内用的整理盒中，再放入篮子。2. 使用频率低，自己立不住的上衣，使用隔断，一件一件立起来收纳。同款式有多件的衣服，放入Skitto等可当作隔断使用的盒子比较方便。

时间不够的时候使用简单的折叠方法就OK

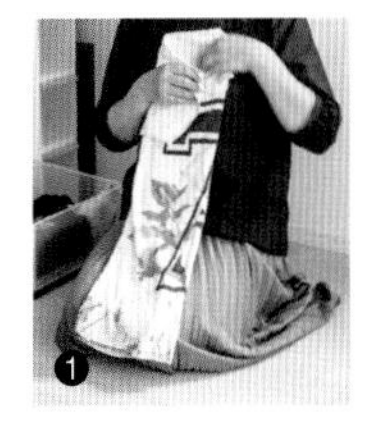

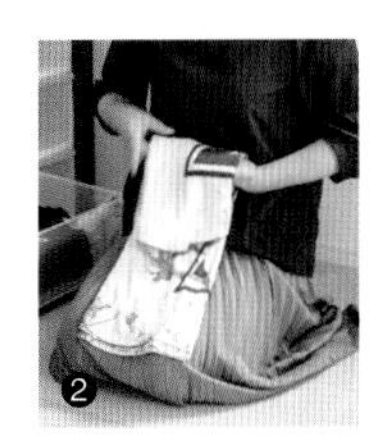

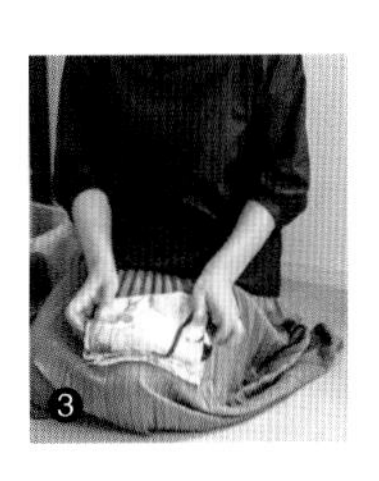

宍户女士采用简单的折叠方法。1. 将衣服纵向对折，袖子折到中间。2. 将衣长三等分折叠起来。3. 最后再对折。这种叠衣服的方法，站着也可以完成。

决定好收纳用具后，终于要开始整理了。首先，根据物品所有者和类别进行区分。这时分清哪些物品经常使用，哪些不常使用很关键。

其次，确定各物品的固定收纳位置。记住固定位置后，整理时不用考虑，换衣服时的行动会很顺畅。宍户女士将常穿的衬衣、时尚衣服挂起来。大人的日常衣服放进衣橱中央便于取出的盒子里。孩子的物品集中放在衣橱左侧。收进盒子时，最前面的放最常用的物品，不常用的放在衣橱深处。使用“立式收纳”可以看见内容物的情况，便于取放。

当季的物品间隔5cm悬挂，便于取放

大人的衣服挂在右侧，孩子的衣服挂在靠近入口的左侧，不要挤在一起。根据衣服种类分别悬挂。使用trv芳香袋可以增加淡淡的香气。

这样收纳，需要取出时
马上就能拿出来！

顶橱收纳基本不用的物品
下层深处收纳过季的物品

1. 过季的包包、帽子、浴衣放在盒子里，收进衣橱的深处。2. 每天使用的袜子、孩子的衣服集中放进布制的箱子，摆在架子上，放在图1前面。
3. 尺寸偏小的孩子的衣服，放进有盖子的箱子，保管在顶橱。

晾晒用品、纸尿裤等，
利用“Calico”等设计时尚的收纳用品进行隐藏

1. 使用两个Calico的M号叠放在一起，收纳日用品。下层放纸尿裤、湿纸巾，上层收纳绘本。2. 布制盒子收纳的是晾衣架。不会影响到室内的装饰风格。

统一盒子的种类，清爽感倍增！

泷本女士说：“把相同的盒子排列起来，就给人一种整理过的感觉。”贴上写清内容物的标签，家人可以一目了然。这里使用的是强力标签贴纸。

原本放在衣橱的毛巾、内衣移至更衣室新设置的固定收纳位置！

盥洗室

在盥洗室缝隙增设的收纳家具和隔断盒子

十字纹内衣篮，提手为木质。宽400mm、深260mm、高240mm，1280日元。

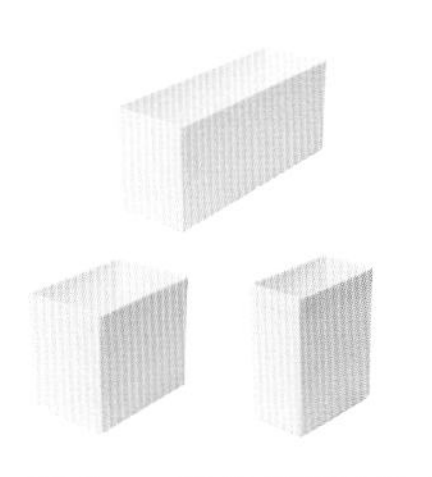

与窄型箱Fit组合，当作隔断使用的Fit BOX。上：宽113mm、深330mm、高140mm，698日元；下右：深65mm，398日元；下左：深165mm，598日元。

圆形竹篮。撤掉中间的支架可以折叠。直径380mm、高380mm，1980日元。

有木提手的垃圾桶。菲尼尔大号、白色。宽245mm、深287mm、高300mm，798日元。

架板可左右移动的水槽下自由储物架，伸缩型。宽500~750mm、深303mm、高398mm，1280日元。

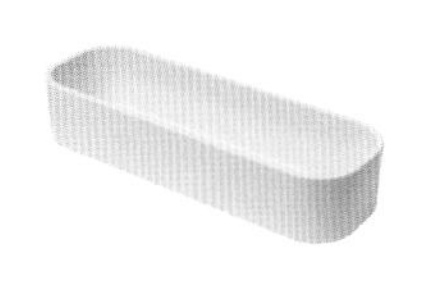

餐具收纳用餐具盒，深型，白色，可以当作收纳小物品的容器。长246mm、宽82mm、高50mm，598日元。

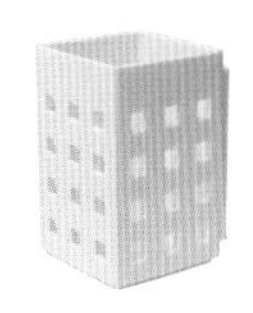

迷你型Mag-on磁铁储存盒，利用磁石可以吸在洗衣机上。长75mm、宽65mm、高105mm，598日元。

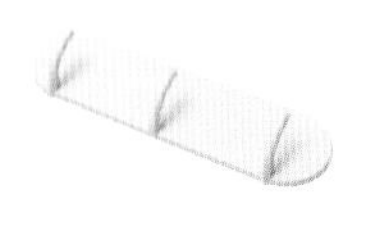

Mag-on 磁铁三连钩。可以装在洗衣机旁，用来挂抹布。宽165mm、厚31mm、高45mm，398日元。

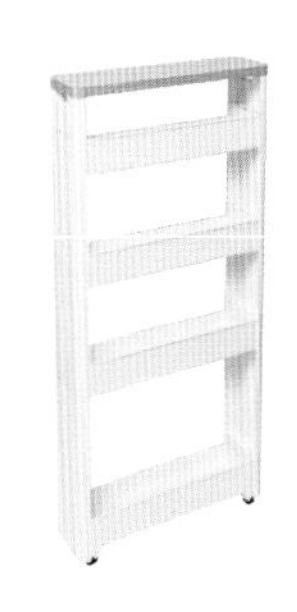

窄型箱 Fit，5层，有轮子。宽125mm、深450mm、高853mm，3780日元。

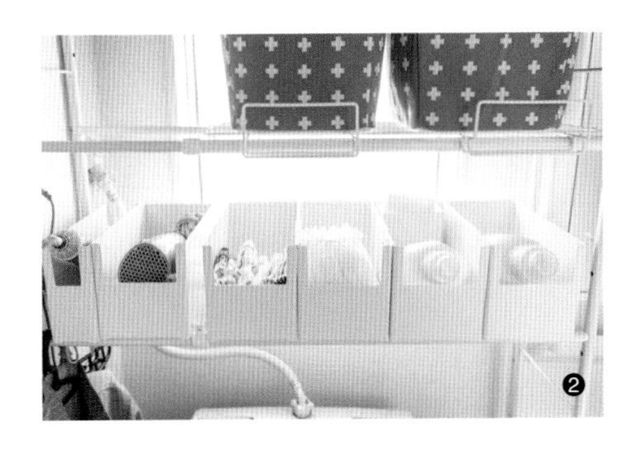

孩子的换洗衣服收进Skitto，便于取放

1. 洗衣机架的宽度为87cm，适合5个大号的Skitto并列摆放。洗衣液、柔软剂、纸尿裤、孩子的衣服、吹风机，整齐收纳。2. 易于取放的设计很方便。

将3天的内衣和毛巾一起收纳

洗完澡后需要使用的毛巾和更换的衣服，按照“爸爸用”“妈妈用”分别成套放进内衣篮中。这样在洗澡前就不需要特别做准备了。

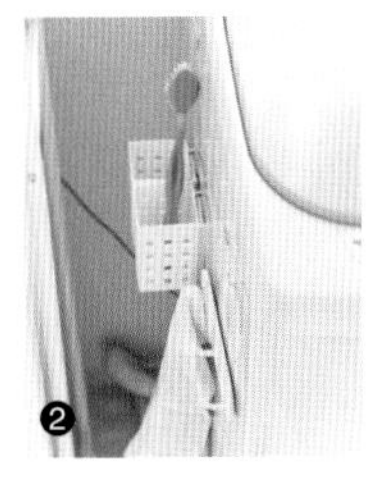

有效利用洗衣机两侧的20cm

1. 第一层使用整理盒进行分隔，存放爸爸的手表和妈妈的发带。第二、三层是毛巾，第四层是使用频率低的洗衣液。2. 洗衣机两侧是放置鞋刷和抹布的固定位置。

将原本放在衣橱里的毛巾、浴后替换的衣服移至盥洗室，但是这边也很乱。泷本女士在进行检查时发现，不用的物品却占据着空间是主要问题。

于是先考虑将不用的洗衣液、别人送的毛巾等处理掉。然后把丈夫经常乱放的皮带、帽子转移到衣橱里。剩余的物品，使用设计时尚的Skitto进行收纳。泷本女士表示：“盥洗室本身充满了生活的杂乱感，使用款式简洁的收纳工具，既能很好地掩盖杂乱无章的感觉，还可以打造令人愉悦的空间。”看到这样的变化，宍户女士说：“感觉做家务也变得愉快了。”

统一使用白色的产品，使这个空间洋溢着清洁感。『丈夫的工作服也放在这里，他说用着非常方便，我受到了夸赞。』

浴巾放在浴室入口旁

有花纹的、需要清洗的毛巾，都放在Calico盒子里，既起到隐蔽的效果，又容易取用。“坐着照顾孩子的时候也很容易拿出里面的物品。”

盥洗室

盥洗室的日用品也要确定固定的收纳位置。每天做家务很顺利，非常感激！

之前……

使用百元店买的颜色、形状各异的容器随手收纳。里面还存放了在盥洗室使用不到的电池、玩具。

各家的洗脸池下面都乱糟糟的。“装上柜门的话，会看不到里面，所以随意放进现有的篮子里，就觉得是收拾过了。”宍户女士对此表示很无奈。于是泷本女士传授了一个“露在外面也令人心情愉快的收纳”方法。“越是狭窄的空间，越要留出富余空间。根据物品的用途不同，分别放进盒子，一个盒子放一种物品。有门就会看不见里面，所以也不需要盖子。”泷本女士强调。

多亏如此可靠的建议，果然物品露在外面，看着也很整洁！“让我头疼的地方得到了整理，家务轻松了，压力也减少了。每天对孩子的态度都变温柔了。”宍户女士露出了灿烂的笑容。

利用厨房水槽下使用的架子分隔成上下两层。用方形的Skitto和文件盒给物品分类。

零碎物品放进小盒子里

1. 沐浴剂、刮胡刀、唇部护理等用品放进一个盒子里，贴上标签，便于寻找。2. 零散的旅行装迷你瓶，集中放进旅行洗漱包里。

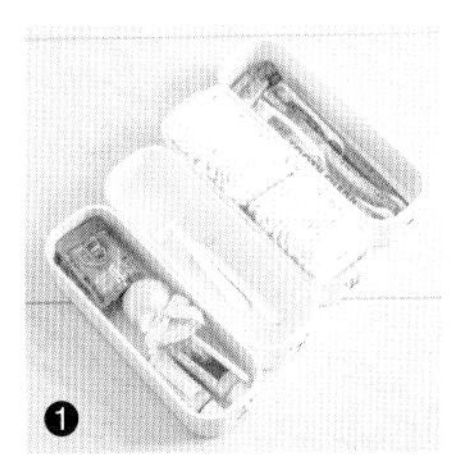

别忘了保持收纳的固定位置哟！

生活变简单，好开心！

“得到了泷本女士的建议，非常感激！因为这个方法适合自己，所以应该能够长期保持。”

挑选衣架的方法

衣架的选择，对衣橱的外观和使用顺手程度都有很大影响。
我们应根据衣物种类和使用者的习惯来进行挑选。

适用于针织衫、衬衣的衣架

向在意衣服打滑的人推荐磨毛衣架

表面是磨毛丝绒材质，可以hold住容易打滑的衣服。右：带可爱蝴蝶结的PEACH JOHN衣架，9个一组。左：Costco的产品，50个一组。

款式简洁可大量使用的衣架

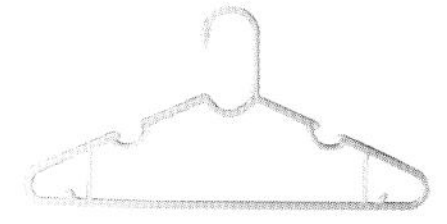

经常穿的衬衣或不怕变形的衣服，适合这种单薄不占空间的衣架。右：NITORI的晾衣架，10个一组。左：无印良品的钢制衣架，3个一组。

适用于裤子的衣架

根据喜好，选择夹子式或悬挂式

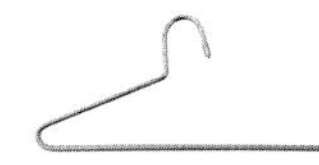
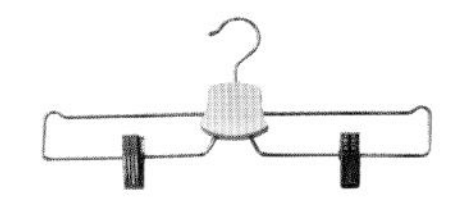

希望牢固固定裤子时，选用夹子式衣架。右：宜家的产品。希望迅速取出裤子时，选择悬挂式衣架更方便。左：CAINZ的钢制衣架，2个一组。

适用于夹克、外套的衣架

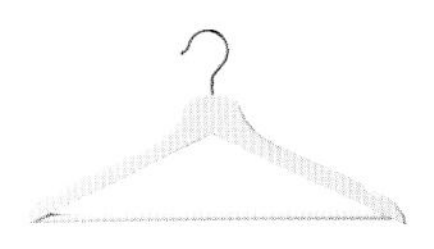

有厚度的衣服要使用有一定宽度的衣架，带有清晰的肩部线条。右：宜家的白色木制衣架，8个一组。左：Tremolo的复古衣架。

CHAPTER

04

让孩子和妈妈都露出笑脸的

孩子衣物收纳方法

让孩子学会整理衣物是非常困难的。很多人会强迫孩子或者干脆放弃。但是孩子早晚有一天要独立，让他们学会自己管理自己的衣服，越早越好。

孩子们对感兴趣的事情的接纳速度令人惊讶，大人们应该灵活利用这个特点，打造孩子们易于整理的收纳方法，会取得意想不到的结果。

前思后想不如行动，我们来改造一下孩子的衣橱吧。

以孩子的视线为标准来打造衣橱，好处多多

1

要让孩子能够自己的事情自己做

一旦什么事情都要妈妈代劳、帮忙，孩子就容易有“反正总有人会帮忙”的习惯性思维。只要将衣服放在适合孩子身高的位置，孩子一定可以学会自己整理。

2

让孩子自然养成整理的习惯

物品放在固定位置，相比大人，对孩子来说这点更重要。“袜子放在这里”，“裤子放在这里”，只要确定了位置，小孩子也能很好地进行整理。不要忘记配上一些孩子喜欢的插图等。

3 培养孩子爱惜物品

如果养成了将自己的所有衣物都好好收在指定位置的习惯，孩子就会觉得爱惜物品是理所应当的。如果再装饰上可爱的饰品，孩子会更开心。

4 这关系到缩短妈妈做家务的时间

如果全家的衣服都由妈妈来管理，那么妈妈有再多时间都不够用。要是能将收纳场所设置在孩子可以自己管理的位置，孩子找妈妈帮忙的次数就会减少，妈妈做家务也会轻松很多。

看到他将自己喜欢的衣服放在最容易取出的位置，我忍不住感叹，孩子也快到了在意穿着的年纪。

入口右侧的一面墙都贴了黑板纸。将90cm × 150cm的孔板用木螺丝固定在墙上，适合开放陈列式收纳。

装饰得像商店一样，上学前的准备工作也会变得很快乐

桥本爱女士

瑛人（9岁）
小学三年级 · 喜欢足球

读小学三年级的大儿子是个足球少年。每天从学校回来，就会把校服换成足球训练服，然后马上出门。因为他换衣服的次数多，为了方便他自己准备，我就在他房间的一面墙上手工制作了开放陈列式收纳。这样，日常衣服和训练服的位置就一目了然。

衣服配合着粉笔画的图案排列，孩子可以很快找到要穿的衣服。穿戴的时候就不会耽误时间。物品固定了收纳位置，整理的时候也不需要多想。瑛人可以自己整理、穿戴，我只需要将晾干的衣服叠起来就可以了，非常省事。

瑛人使用方便的理由

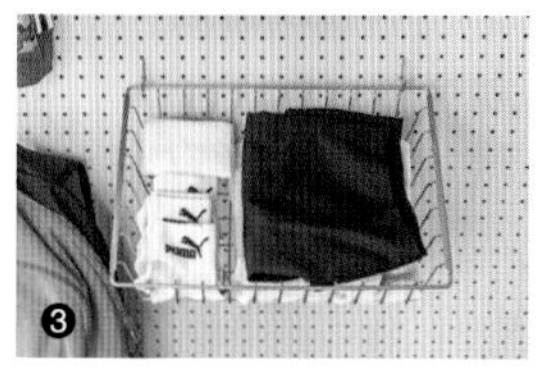

学校用品集中在一处，不会忘东西

1.“一回家就将物品放回原处，不会犹豫。”2. 运动上衣挂在孔板专用的T形钩上。还加装了利用专用支撑件固定的隔板。3. 校服的裤子、衬衣、袜子、手帕，放在铁丝篮里。

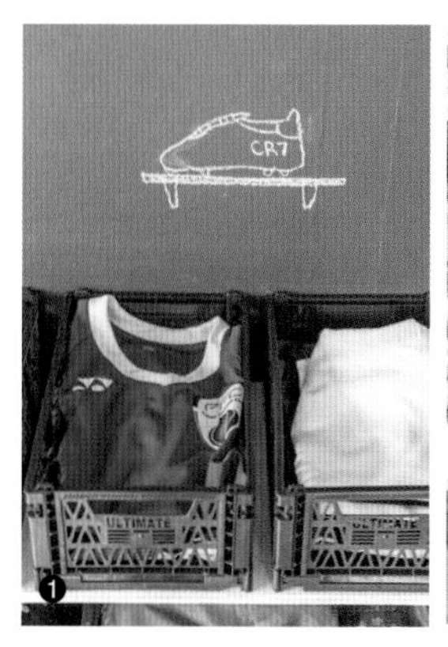

喜欢的足球用品放在篮子里，容易取出

1. 球衣放在DAISO的“Ultimate Container”里。2. 不锈钢制的篮子宽58cm、深28cm、高11cm。适合放袜子、短裤。“挑选的时候也很快乐。”

看到粉笔画就知道衣服放在哪里！

粉笔画虽然面积不大，但是很容易标示衣服的位置。“偶尔会改变画的样子，很有趣！”

用爷爷手工制作的木箱打造孩子们的衣帽间

敏森裕子女士

KIDS

想贵（7岁）

小学一年级·喜欢帮忙

穗乃夏（5岁）

幼儿园大班·爱漂亮

想贵和穗乃夏使用方便的理由

☻ 上衣挂在孩子的手能够到的位置

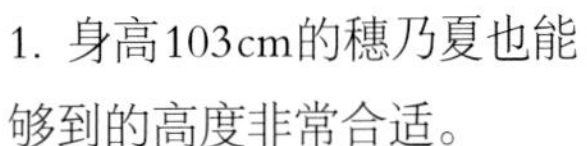

1. 身高103cm的穗乃夏也能够到的高度非常合适。
2. 爱漂亮的穗乃夏每天都会对着穿衣镜，一边搭配一边说“穿哪个好呢”。
3. 铁质圆棒用木头的固定工具安装起来作为横杆。

☻ 1个格子只放1个种类，便于挑选

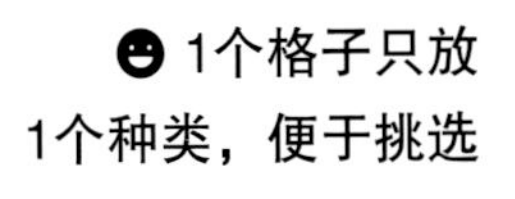

1. 这个木箱是爷爷亲手做的，宽38cm、深51cm、高26cm。用横板进行隔断，既可以纵向叠放，又可以横向并排，有多种变化。右侧一列是穗乃夏的，左侧一列是想贵的。2. 是孩子坐着就能取出衣服的高度。

去学校和幼儿园的准备工作一起完成

1. 右侧是穗乃夏的幼儿园用品，左侧是想贵的学校用品。早上两个人一起站在这里准备。2. 手帕、纸巾放入篮子，在忙碌的早上，马上就能取出来。

就在起居室旁边，妈妈在一旁很放心

我在起居室叠衣服的时候，两个孩子也会帮忙。他们穿戴的时候我也可以立即看到。

我家孩子的衣服，都收纳在起居室旁边楼梯下的储物间。以前这里也用来存放大人的物品，但是天花板的高度只有154cm。意识到收纳孩子的衣服最理想后，我们对这里进行了改造。

首先考虑到收纳方法要简单易懂，让孩子们能明白。用爷爷手工制作的木箱代替开放式架子，分为儿子专用和女儿专用，再根据种类进行整理。常穿的衣服挂在伸手就能够到的位置。这个衣橱就像一个秘密基地，深受孩子的喜爱，他们非常乐意自己进行穿戴。衣橱在起居室旁边，每天吃完早饭马上就可以做上学和去幼儿园前的准备工作，行动路线非常顺畅。改造很成功!

对妈妈来说
很方便

最里面开放陈列式收纳孩子的过季衣服

1. 在最里面宽75cm、深45cm、高77cm的空间，做了一个尺寸正好的架子，开放陈列式收纳过季衣服。
2. 换季时，只需要更换前后衣服的位置，非常简单。顺便也要确认一下衣服的尺寸。

用盒子收纳妈妈和两个女儿统一风格的衣服及喜爱的首饰，可以愉悦心情

道岛宗美女士

比菜（8岁）
小学三年级·喜欢弹钢琴

比叶（2岁）
非常喜欢姐姐

可爱的头绳放进妈妈手工制作的盒子里

1. 用合页给4个“Seria”的木箱安上盖子，使用接续线连在一起。箱子里装上挂钩，收纳头绳。2. 每天早上比菜会很开心地自己挑选。

所有的外出行头都在下层，可以迅速取出来

1. 在宽58cm的两墙之间的空隙撑一根横杆，将衣服按照花色分类，挂起来。常穿的衣服挂在容易取出的下层。2. 右侧是比叶的，左侧是比菜的。这里两人的收纳配置是相同的。

比菜和比叶
使用方便的理由

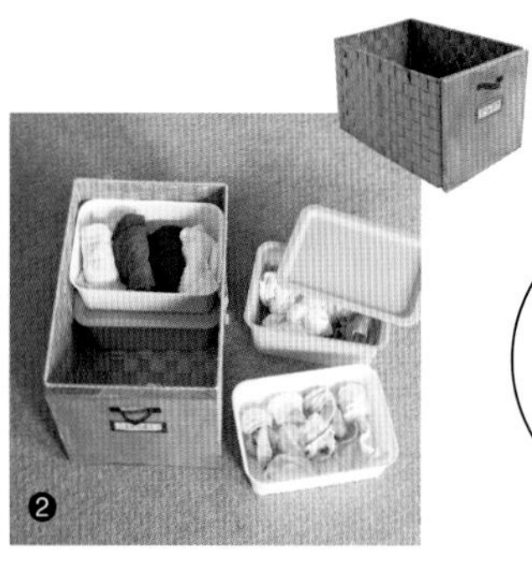

对妈妈来说
很方便

贴身衣物按照春夏、秋冬分为两层收纳

1. 用接续线将有提手的合板安装到NITORI的篮子上。内部使用100日元的有盖的盒子，分成上下层，每层2个，共计4个，排列整齐。2. 换季时只需要更换上下的盒子即可。

前一天把第二天上学要穿的衣服放进篮子里

和孩子们约定好，工作日的晚上，自己要挑选好第二天穿的衣服、袜子，然后把它们放进这个篮子里。这样早上起来就不会慌乱。

这里原本是起居室旁边的和式房间。为了早上经常乱成一团的大女儿比菜，我在这里设置了孩子专用的衣橱。确定了第二天要穿的衣服的固定收纳位置，按照衣服的分类，使用抽屉、盒子进行集中收纳。在“自己的事情自己做”这方面下功夫，孩子们很快就能学会。大人过多地代劳，会影响孩子的独立性，所以我尽量减少插手的次数。

我家的特点是，外出时亲子要统一着装风格。用外出衣服、头绳把孩子们装扮得可爱，很有乐趣。2岁的比叶非常喜欢模仿爱漂亮的姐姐比菜的穿着打扮。

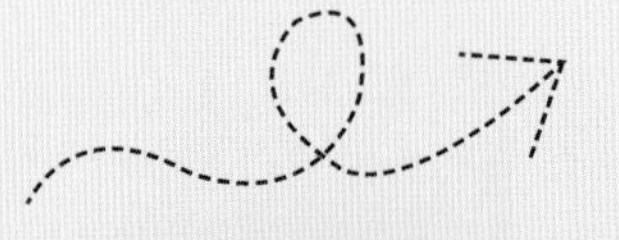

在上方靠墙的深处位置和下方靠前的位置分别安装横杆。杉木板制成的屋檐倾斜安装，最里面的横板挂在支撑杆上。最后再用五金件将横板固定在墙上，更结实、放心。

因为有垫脚台所以很方便

手工制作的凳子用来当作垫脚台。比菜拿上面的衣服时，把它当垫脚台使用；比叶穿袜子的时候就当凳子使用。

萌生爱美之心的两个男孩儿喜爱的帅气衣橱

大野麻美女士

照流（13岁）
初中一年级·喜爱运动

晴流（11岁）
小学五年级·喜欢打游戏

在日式房间的壁橱内安装挂杆和架子，衣物可以轻松取出

1. 拆掉壁橱的门，开放陈列式收纳，消除日式房间的感觉。抽屉贴上标签，显示内容物名称。2. 将支架用螺丝固定在墙上，把杉木板搭在上面。

我将孩子们原本的日式房间DIY成西式风格，并将壁橱进行改造，便于使用。原有的柜子、内墙，都用Pore Stain的胡桃色进行涂装，在顶橱的柜门贴上牛仔布风格的壁纸。然后增加隔板，增设用来收纳学校运动衫、书包、每天使用的小物件的空间。通过区分兄弟俩衣物的颜色和指定物品的收纳位置，不擅长收纳的两个孩子也能自己整理物品了。

哥哥差不多到了注重自己外表的年纪。给他准备了一个有挂钩的穿衣镜，他非常开心。希望他们能善用这个衣橱，成为帅气的男生。

妈妈手工制作的穿衣镜很酷吧！

1. 给从网上买来的镜框进行涂装，然后安装镜腿，使用宽25mm的方材组合成框架，再用两个合页连接起来，可以自行站立。2. 在合板上安装黄麻布，用螺丝固定挂钩。3. 安装金属包角，显得更时尚。

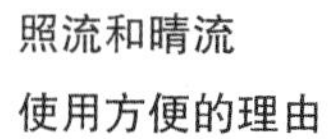

兄弟俩的衣服不分区

兄弟俩相同类别的衣服都放进抽屉里，根据自己衣服的颜色自己进行管理，免去了妈妈进行分类的麻烦。

照流是黑色系，晴流是彩色系，用颜色区分，更简单明了

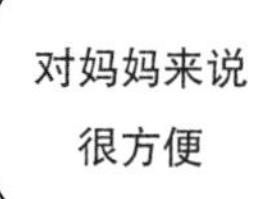

1. 外套、制服、衬衣，按照颜色、类别挂在横杆上。2. 一直以来，哥哥喜欢黑色、蓝色，弟弟喜欢绿色、红色。3. 兄弟俩的针织帽放在Salut的布制盒子里。

3岁的女儿像小大人一样说“我想自己挑”

西川祐贵子女士

阳莉（3岁）

爱漂亮・喜欢给妈妈帮忙

尽管只有3岁，但是可以叠得很整齐

每次我叠衣服的时候阳莉都会来帮忙，她负责叠毛巾。我觉得差不多可以教她T恤的叠法了。

爸爸做的迷你衣架，用来挂阳莉喜爱的衣服

1. 使用30mm×40mm的白木方材，将其中一根的顶端斜着切割，与另一根用螺丝固定在一起成为支架。再用圆棒和方材连接在支架中间，在下方的两根方材上搭一块板子。2. 统一使用宜家的衣架。

柜子高70cm，阳莉可以轻松取放衣服

1. 阳莉身高98cm。最上层的抽屉她够不着，用来收纳过季的衣服。换季时只要更换上下抽屉的衣物即可。2. 第二层以下都是阳莉容易够到的位置。第二层放的是睡衣、厚上衣。3. 最下层固定收纳每天要穿的日常衣物。

刚刚3岁的女儿，可能因为像我，很爱打扮。对于每天要穿的衣服，都会说“我要自己挑”，于是我们给她设置了一个阳莉专用的衣物区。宜家的柜子很小巧，正适合女儿使用。虽然现在女儿还没有那么多衣服，但是考虑到以后，我们买了两个并排摆放。在两个柜子上搭放一块涂成与柜子同样颜色的顶板，旁边是爸爸做的迷你衣架，这里变成了具有西洋风格的可爱收纳空间。

满心欢喜的阳莉，每天早上都会拽出自己喜欢的衣服。偶尔她会搭配出上下都是条纹的奇怪风格，但是我们会尊重她的意愿。

蓝色的柜子很可爱吧

宜家的RAST系列柜子，宽62cm、深30cm、高70cm。使用宜家 BEHANDLA的灰蓝色涂装。

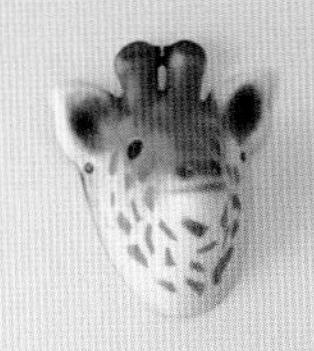

爸爸喷涂的

珍藏饰品的可爱收纳术

将自己非常中意的小饰品进行开放陈列式收纳，只要看着就心满意足了。
这样不仅容易找到需要佩戴的饰品，还可以避免每天佩戴同样的饰物以及避免物品丢失。

首饰

J E W E L R Y

在抽屉中放入无印良品的隔断，根据尺寸收纳首饰。每天挑选的时候很愉快。（桥本增美女士）

无印良品的首饰盒与丝绒底的隔断搭配使用，用于收纳喜爱的耳钉。（小松由希子女士）

unbra的连衣裙形状的首饰收纳架，用来挂项链。可以与衣服挂在一起。（小松由希子女士）

将6块孔板连接起来，四周安装框架，成为首饰收纳架。用流木、螺丝装饰得很帅气。（兵头志穗女士）

在衣橱中放入小抽屉，根据首饰的颜色分开收纳。托盘中摆放着其他饰品。（原口沙织女士）

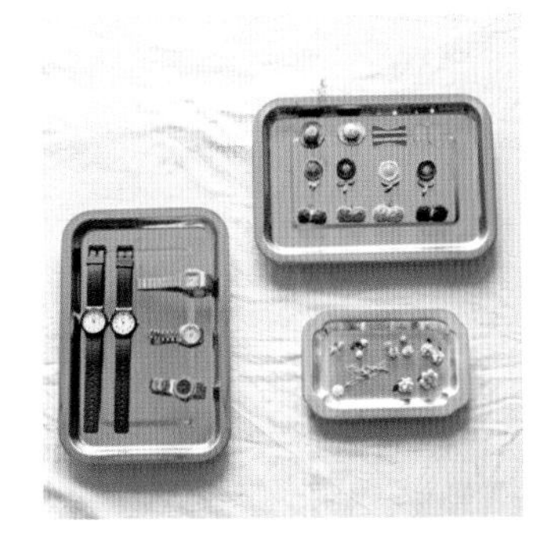

耳钉、胸针可以成为简洁穿戴中的点缀。根据种类的不同，把它们放在银托盘里。（中岛晃子女士）

皮带

B E L T

将钢丝篮放入手工制作的木架上，把首饰分类收纳。很享受这种店铺风格。（敏森裕子女士）

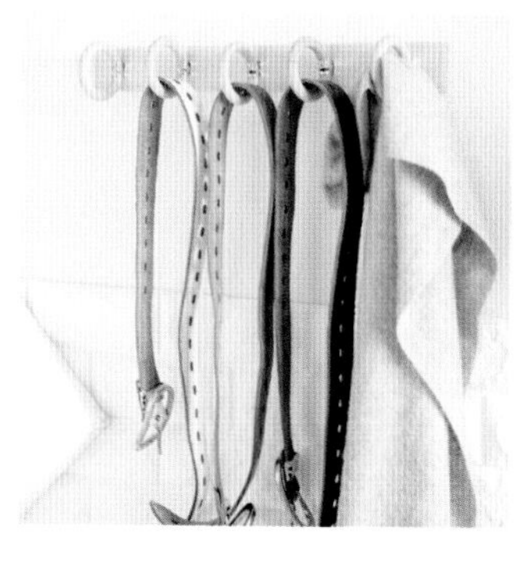

在木板上用鞍型扣固定木环，成为皮带收纳架。还可以挂围巾、披肩。（白石明美女士）

在衣橱的架子上铺上蕾丝，将皮带卷起来收纳。因为皮带经常使用，要放在容易取出的位置。（原口沙织女士）

帽子

C A P & H A T

用聚氯乙烯管和网子做成的架子，用来收纳需要注意保持形状的帽子，棒球帽和牛仔裤放在一起。（兵头志穗女士）

将买来的架子涂成蓝色，收纳帆布帽和针织帽。丈夫很满意。（桥本爱女士）

最喜欢的帽子，挂在衣橱侧面的墙上。比起收进箱子、架子，这样更容易取放。（西川祐贵子女士）

CHAPTER

05

无印良品、NITORI、
CAINZ、DAISO……

大家都在使用的便利的收纳工具

高效地对有限的空间进行划分、利用，这是收纳最重要的一点。
盒子、抽屉等收纳产品不可或缺。善于收纳的人，必定也擅长选择收纳工具，大家一定想知道她们用的是哪些产品及选择这些产品的理由吧。
最后，本书就为读者们集中介绍受访的收纳达人们喜欢的产品及其尺寸。其中很可能就有你正在寻找的产品，请仔细确认。

购买产品前的4项准备工作

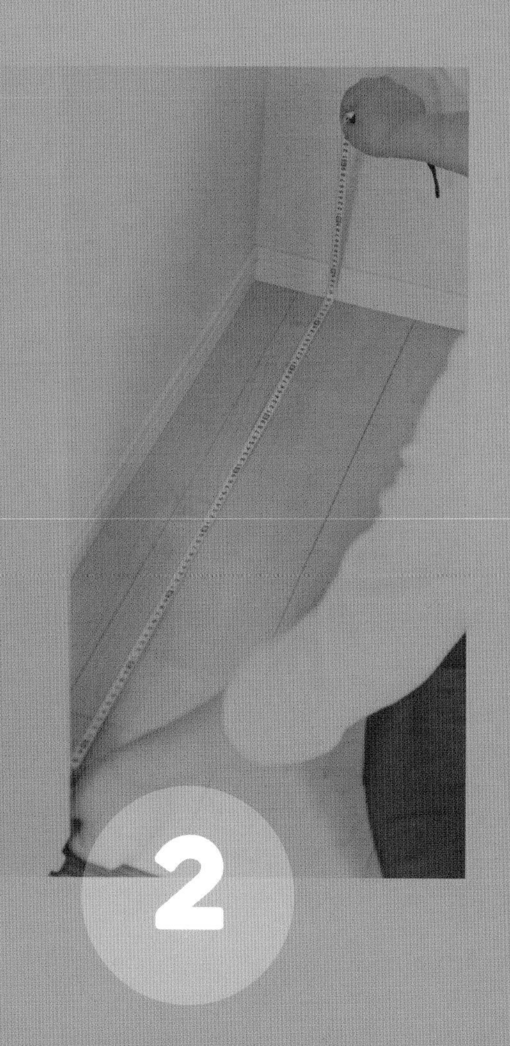

1

确认被收纳物品的尺寸

要先考虑是将衣物叠成四方形还是卷起来收纳，之后测量尺寸。尽管这是重中之重，但令人意外的是，大家非常容易将其遗漏。这样确认后可以避免买了储物盒后发现衣服不能完全放进去的情况。

2

测量放置场所的尺寸

这也是必需项。收纳产品放不进原计划的位置，或者尺寸不合适露在外面一部分，都是对金钱的浪费……对于衣橱的内部，不仅要测量入口处，还要考虑内部空间，要正确测量地面的尺寸。

设计便于行动的路线

物品放好后，门能不能打开，取物品时的姿势是不是轻松……购买收纳产品时，不能只顾着优先考虑设计风格，还要同时考虑是否便于取放再进行选择。越是频繁使用的物品，越要如此。

考虑视觉上的风格统一

风格统一是很重要的因素。收纳产品的颜色、材质一旦统一，就会给人整洁的感觉。例如，相同的两个盒子并排摆放等，令收纳产品的高度一致，更能提升统一的感觉。

家具 FURNITURE

IRISOHYAMA
的木顶柜

顶板为木质，抽屉为聚丙烯，款式简洁。不同宽度、层数，有多种型号可以选择。宽56cm、深41.5cm、高61.5cm。

P15的西森女士

成套使用

大人用3层的款式，孩子用5层的款式。将木质的顶板涂成白色。滚轮式设计便捷性超群。

P26的桥本女士

孩子也能轻松取放

放在起居室沙发的后面，用来收纳3岁的儿子的幼儿园用品。高53cm，非常适合身高93cm的儿子使用。

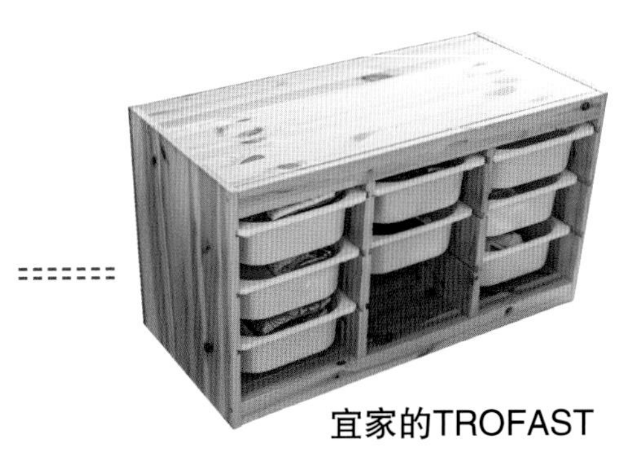

宜家的TROFAST

这是一款颜色和深度可自由选择的玩具收纳家具。外框：宽94cm、深44cm、高53cm。收纳盒：宽30cm、深42cm、高10cm。

NITORI的
窄型储物架

用在厨房的狭窄空间。钢铁材质很结实。带滚轮。宽26cm、深43.5cm、高80cm。

雪白的篮子给人清爽的感觉

用于家中家务房间洗涤用品的收纳。这些物品容易显得杂乱，这样收纳看起来就整洁多了。

P15的西森女士

P15的西森女士

可以放10件叠好的毛衣

容量大，是收纳厚外套的好宝贝。简洁的设计，放在哪里都可以。

CAINZ的 Interior Calico

盒盖为方便开关的自动上弹式设计。棕垫质地，共有7种时尚颜色。有小、中、大号三种型号。图为中号，宽44cm、深38.5cm、高31cm。

单手就可以轻松打开盒盖

盒盖可以保持打开的状态，非常方便。夜里给孩子换纸尿裤时，马上就能准备好，一点儿压力都没有。

P73的宍户女士

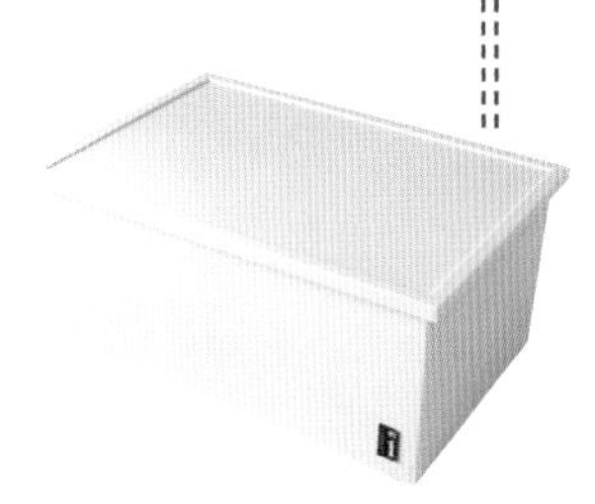

VERY VERY MOCCO的大号收纳盒

棕垫质感的有盖收纳盒。可叠放的款式。宽54cm、深36cm、高24.3cm。还有小号和中号。

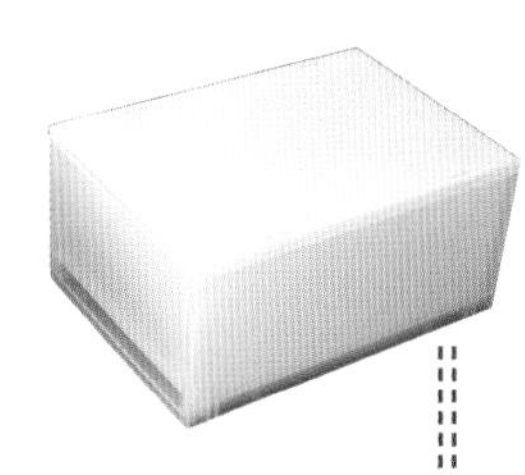

无印良品的聚丙烯盒

有多种型号的半透明抽屉式收纳盒。可以将多个盒子组合起来使用，没有压迫感，同时保持视觉上的统一风格。宽26cm、深37cm、高17.5cm。

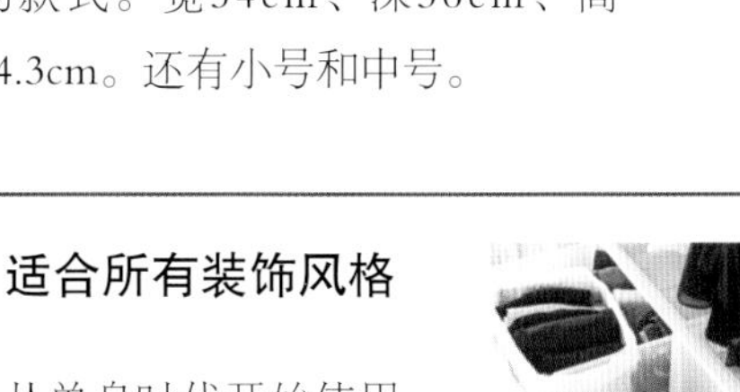

P9的小松女士

适合所有装饰风格

从单身时代开始使用，已经超过10年，目前仍在使用。放在现在的家中也很和谐。可以继续购买补充，很方便。

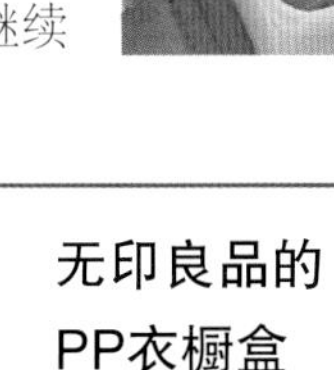

无印良品的PP衣橱盒

适用于纵深较短的衣橱。盒子为纵深较短、横向较宽的抽屉式设计。宽44cm、深55cm、高18cm。

P4的西川女士／P50的远藤女士

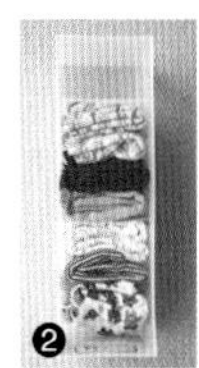

自由叠放&组合 这是窄型款式

1. 由8个聚丙烯盒以及4个同尺寸的内带2个抽屉款式的收纳盒组合而成。2. 抽屉中间有可移动的隔板（远藤女士）。3. 使用隔断整理抽屉内部（西川女士）。

篮子 BASKET

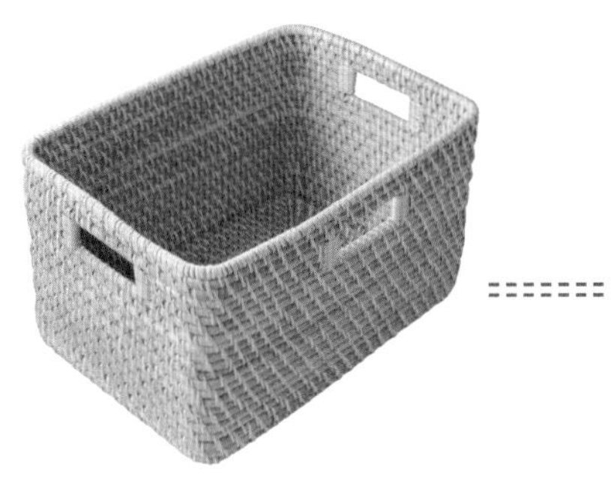

NITORI的叠放式篮子

藤条材质，很结实。有3个提手，纵、横两个方向都可使用。盖子可单独销售。宽38cm、深26cm、高22cm。

P15的西森女士

硬朗的外形，易于整理

我很喜欢这个设计，且有不同型号可选择。表面光滑，收纳针织衫时不会钩住衣服。

ACTUS的棉线篮

棉绳编织的柔和的方形篮子。有灰色和白色两种颜色。宽30cm、深20cm、高17cm。

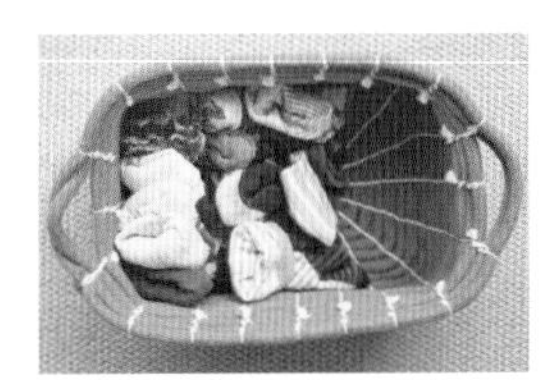

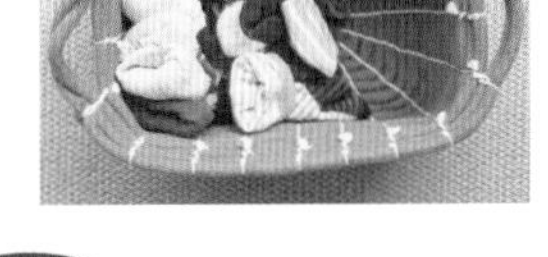

设计时尚，摆在外面也OK

材质柔软，可以放在略显拥挤的空间里。用于收纳儿子的袜子，放在横杆下方。

P50的远藤女士

P35的桥本女士

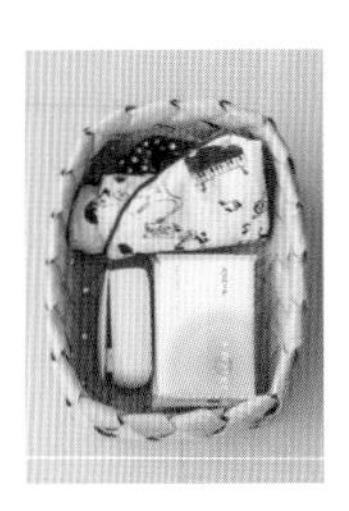

每次取放，心情大好

放在玄关，用来收纳纸巾、环保袋等。又轻又结实，频繁取放也不会变形。

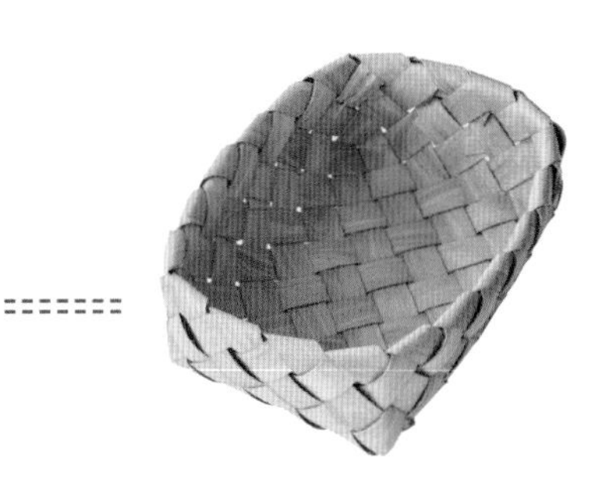

F'KOLME的北欧风篮子

白桦木编织，传统北欧杂货风格设计，给人温暖的感觉。最适合开放陈列式收纳。宽26cm、深20cm、高8cm。

宽40cm的大号篮子可以收纳很多衣服

便于搬运，可用于存放尚未清洗的衣物。编织交错处饱满，我很喜欢它朴素的味道。

P15的西森女士

Sunday mama + maison blanche的方形储物篮

有着风信子般柔和的质感，从篮身到提手都很紧致结实是其亮点。宽40cm、深29cm、高19.5（含提手高24.5cm），2个一套。

P50的远藤女士

不易变形，可长期使用

丈夫的大号T恤叠好立起来，宽度正合适。无涂色的自然风格与我家的氛围很搭配。

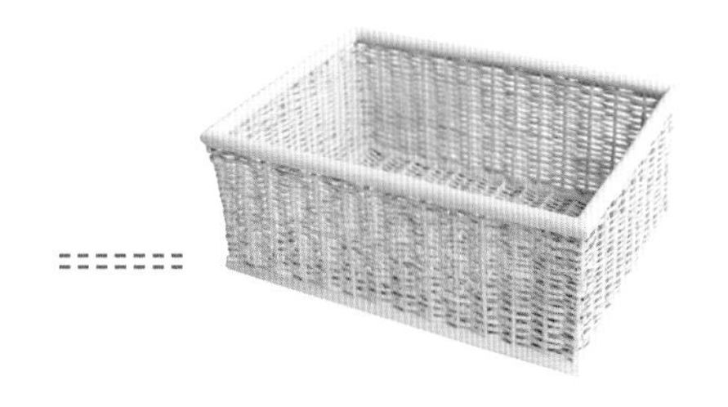

无印良品的棕榈材质长方形篮子

使用优质的菲律宾棕榈编织的篮子，安上竹制边框，增加强韧度。图中是37cm、深26cm、高16cm的中号。

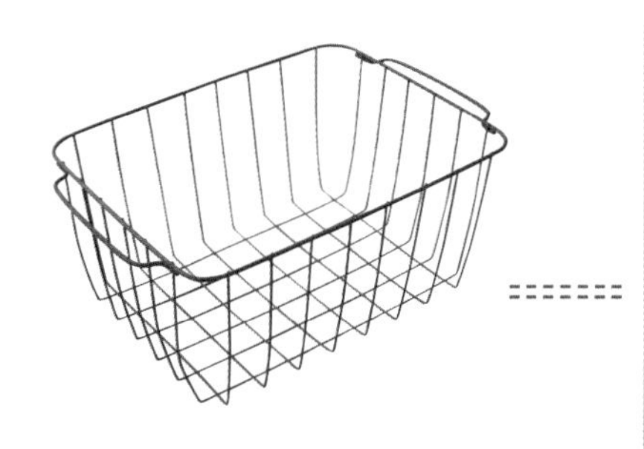

Seria的钢丝篮

粗线条的风格和提手是重点。既可用作开放陈列式收纳，又可当作分区隔断使用。宽22cm、深15cm、高11cm。

P4的西川女士

如此美观只需100日元

收纳丈夫的针织帽，然后和T恤一起放在钢架上，打造店铺般的收纳风格。也可用于厨房。

根据使用者不同，更换内容物

右侧是我的，左侧是丈夫的，用来收纳手帕等小物品。可以根据喜好对物品进行更换，变换心情。

P15的西森女士

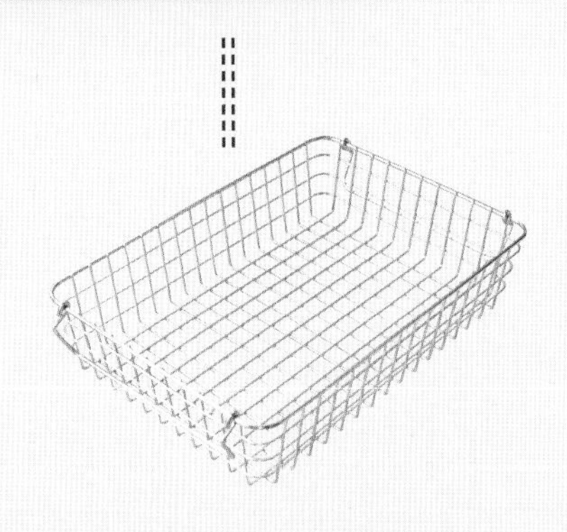

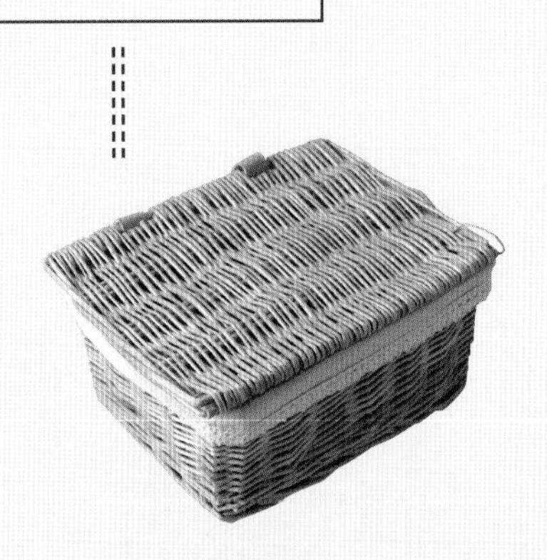

无印良品的不锈钢钢丝篮

不锈钢材质。将提手收进内侧，可以叠放使用。有不同型号。图中尺寸为宽37cm、深26cm、高8cm。

NITORI的篮子

中间绷着一圈布，很时尚。由柳条编成，很结实。盖子可以取下来。宽19cm、深26cm、高12cm。

P9的小松女士

像提包，可以搬运

用作洗涤衣物篮，因为方便，再次进行了购买。裤子卷起来收纳。篮子可以整体清洗，便于保持清洁。

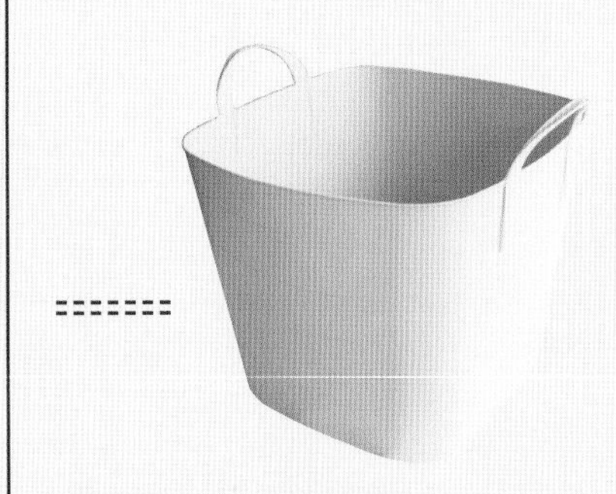

Stacksto的篮子

原材料为法国生产的塑料。有5种型号，13种颜色。图为灰白色，宽33.5cm、深33.5cm、高29.5cm。

P21的野中女士

光滑不钩衣服，适合针织衫

因为是布制品，不会刮伤衣物。因为有柔软度，所以装的物品要比想象的多。

无印良品的软盒系列

聚酯纤维和棉麻混纺，有挺括感。有无盖和有盖两种款式。上图：宽37cm、深26cm、高26cm。右下图：宽37cm、深26cm、高16cm。左下图：宽37cm、深26cm、高26cm。

内侧有帆布层，结实耐用

我的腰带集中放置在里面，将其存放于日常衣物的衣柜隔板上。稍一伸手就能取放物品，相当便捷。

P21的野中女士

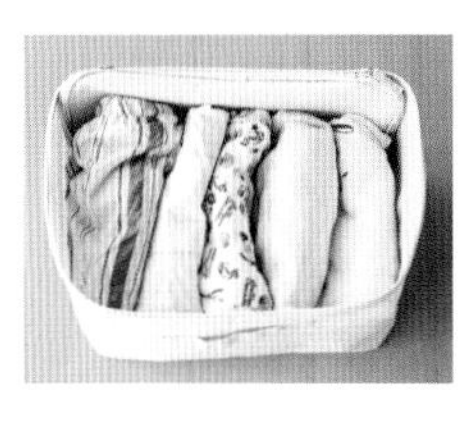

用来收纳不想被外人看到的物品

将女儿的家居服立起来收纳其中，放在衣橱里便于取放的位置。合上盖子，上面还可以摆放物品。

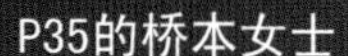

P35的桥本女士

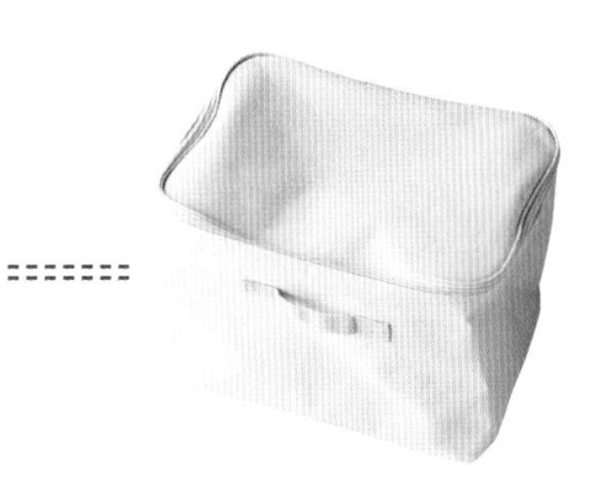

P50的远藤女士

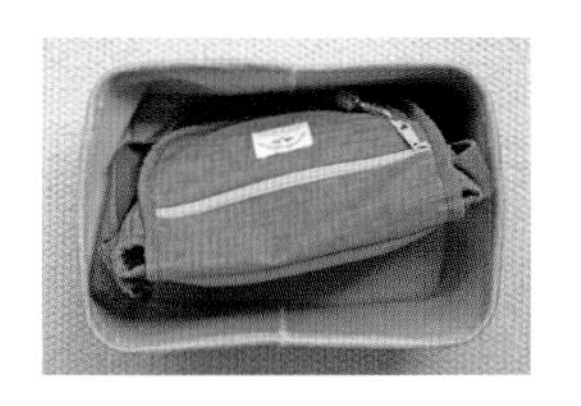

这种灰色适合收纳男孩子的衣物

放在儿子挂衣服的横杆处，用来收纳包包。质量很轻，适合放在高处。儿子可以轻松取放。

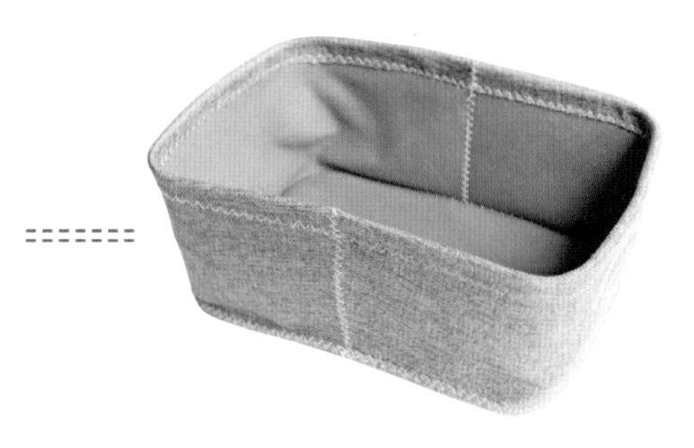

DAISO的纺织盒

牛仔风格的时尚储物盒。盒口有钢丝，可以保持形状。宽29cm、深20cm、高13cm。

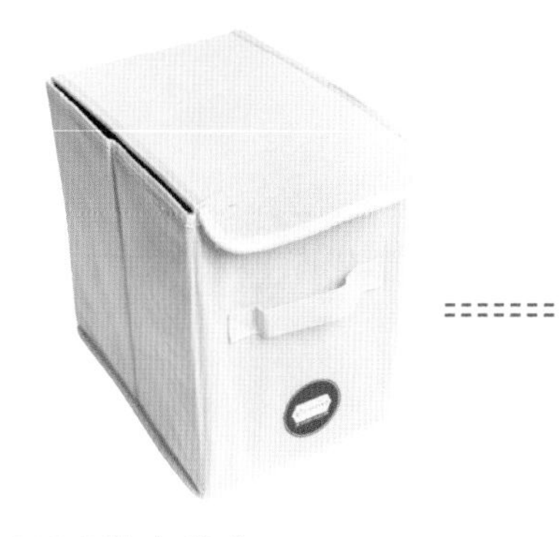

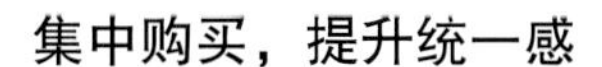

DAISO的有盖盒

无纺布的可折叠盒子，300日元。亮点是可在盒身写明内容物名称。有提手。宽19cm、深26.5cm、高26cm。

集中购买，提升统一感

我的衣物收纳区里放了4个，分别收纳出游物品、围裙等。可以隐藏杂乱感，很清爽。

P50的远藤女士

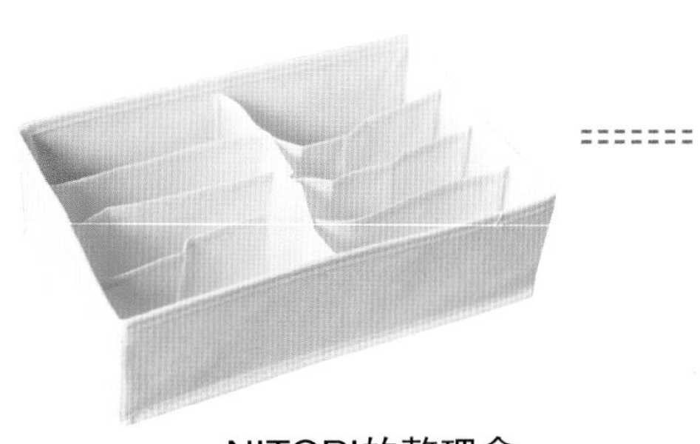

NITORI的整理盒

一个格子大约8.5cm×10.5cm。用来收纳毛巾、长筒袜。还有15格、24格的款式。宽14cm、深21cm、高10cm。

P30的藤城女士

柔软、可分区，便于使用

自然的颜色和柔软的材质深得我心，用来收纳怕麻烦的儿子的袜子。因为便于找衣物而受到好评。

P15的西森女士

代替抽屉

我家衣橱中并排摆放了6个。用来收纳过季衣物和使用频率低的物品。

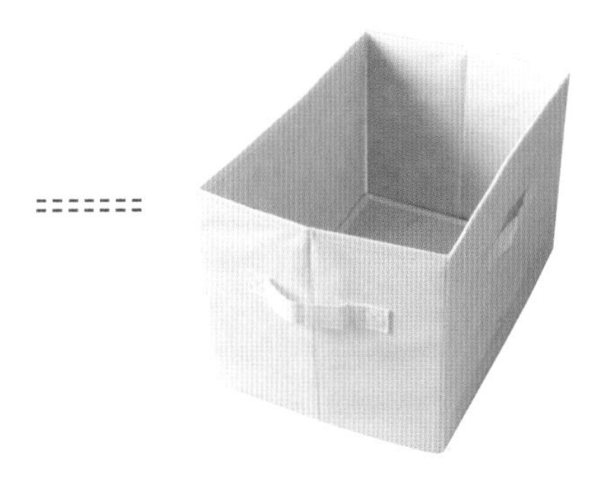

NITORI的收纳盒

款式简洁，尺寸与彩色收纳盒相对应，3个一套。三面有提手。宽38cm、深26cm、高24cm。

也/可/用/来
收/纳/包/包/和/洗/漱/包

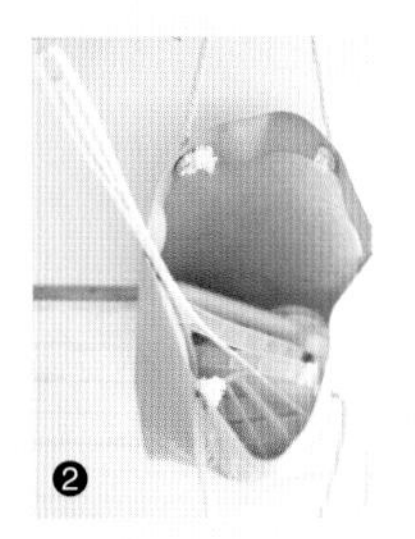

1. 冰蓝色的棉布袋是DAISO的产品，44cm、38cm（含提手66cm）、折边13cm。2. 用来收纳晒被子的用具。（西森女士）

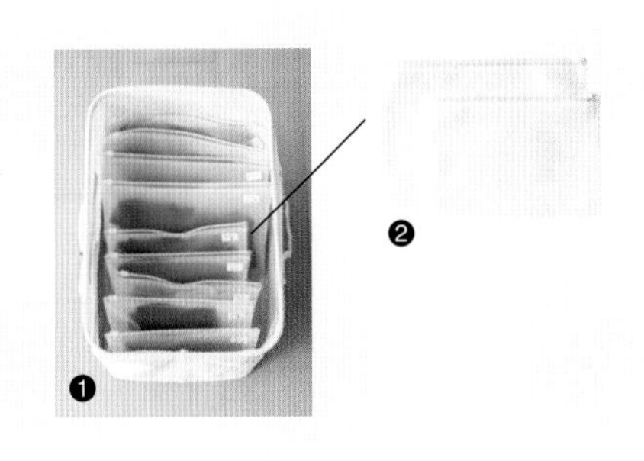

1. 无印良品的软盒搭配有拉链的EVA袋，用来收纳打底裤等。2. A5：18.5cm×26.5cm。B6：15cm×22.1cm。（桥本增美女士）

分区用盒
CASE OF PARTITION

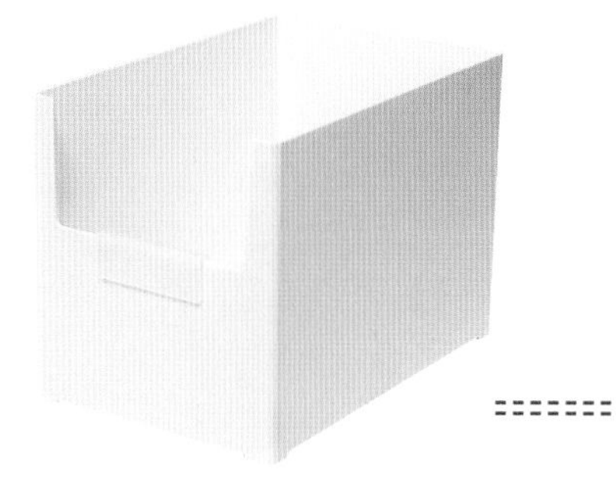

CAINZ的Skitto

产品的设计使收纳盒可以毫无缝隙地紧紧并排贴合在一起。还可以上下叠放使用。共有5个尺寸。图为中号，宽14cm、深21.2cm、高15.2cm。

P73的宍户女士

取放时完全没有烦躁情绪

用来收纳孩子的更换衣物，放在更衣室。可以顺滑地取出来，非常方便。盒底有圆润的弧度，便于清理污渍。

1

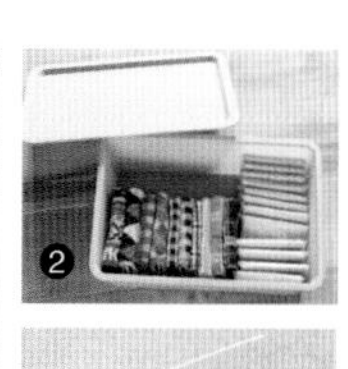
2

3

有盒盖，整理起来干净利索

1. 小号盒子用来收纳孩子的打底裤等衣物，按季节分类。2个摆在一起，再装入NITORI的盒子里。（道岛女士）2. 大号盒子用来集中收纳孩子的手帕等。（大野女士）3. 作为护肤品专用收纳箱。（西川女士）

P4的西川女士 / P44的道岛女士 / P66的大野女士

DAISO的分区收纳盒

棕垫质地与简洁的款式很受欢迎。共有5种颜色。
左图：宽37cm、深25cm、高11cm，盒盖可单独销售。右图：宽25.5cm、深19cm、高11.5cm，盒盖与盒身搭配销售。

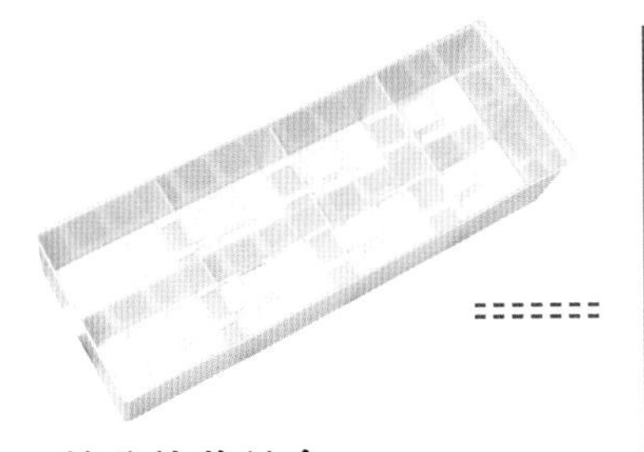

DAISO的分格收纳盒

塑料制收纳盒，有8.6cm×6cm的8个格子。盒底为网格状，透气性好。宽12cm、深34.5cm、高6.5cm。

大盒子也可以整齐地收纳小物品

2个并排放入有一定宽度的抽屉中，收纳丈夫的袜子。也很适合收纳内衣。塑料质地，可以很清晰地进行分区。

P61的敏森女士

P21的野中女士

隔断的宽度可以调整

隔断的宽度可以根据被收纳衣物的宽度进行调节。我家用它收纳全家的袜子。

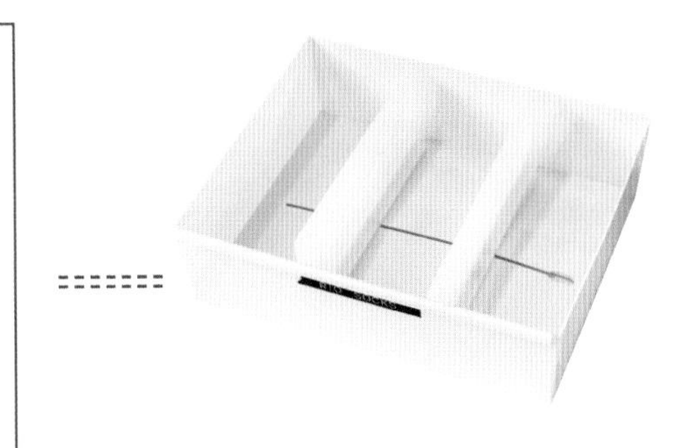

吉川国工业所的T恤收纳盒

“快速取出”系列产品之一，同系列产品还有女式内衣收纳盒、隔板等。宽27cm、深32.9cm、高9.3cm。

DAISO的自由叠放收纳盒

聚丙烯质地，可用于收纳厨房杂物、化妆品等，适用于各种场所。还有带隔断的款式。宽15cm、深22cm、高8.5cm。

P9的小松女士

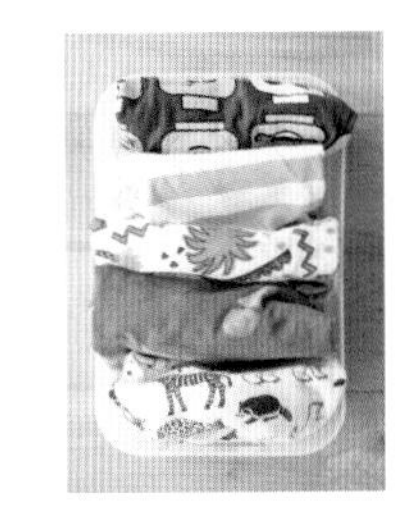

把孩子的衣服叠起来，尺寸正合适

一下买了15个收纳盒，用来收纳身高90cm的儿子的T恤、裤子。2岁的儿子也可以轻松取放衣服。

P35的桥本女士

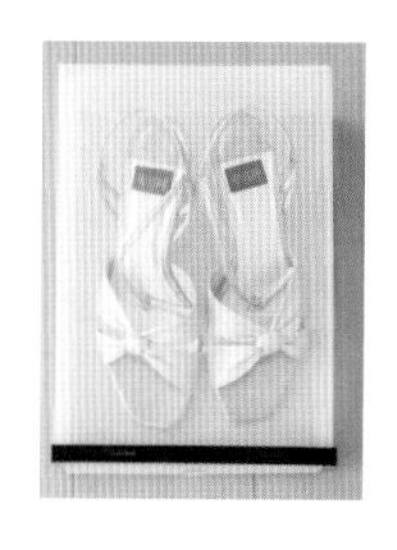

可以放入跟高5cm的女士凉鞋

最大限度可放入长27cm、跟高10cm的鞋。最多可以上下叠放6个。不用的时候可以折叠。

Can Do的鞋盒

盒盖可以单手打开。黑色的边框上有2个卡槽，即使叠放，也不会歪斜跑偏。宽21cm、深29cm、高12cm。

还/有/可/以/用/于自/由/分/区/的/单/独/隔/板

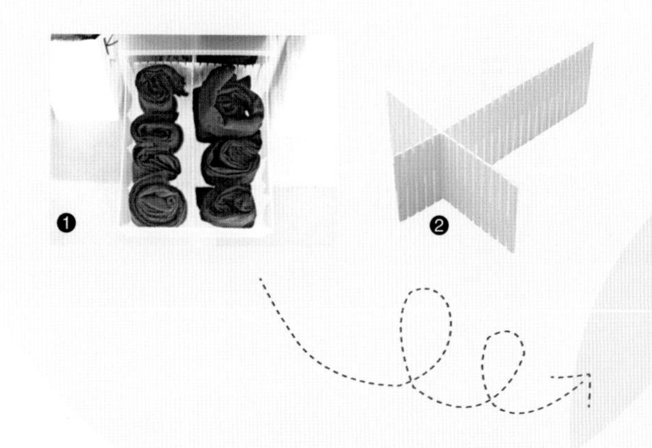

1. 无印良品的聚丙烯盒，内部使用DAISO的自由切割式隔板，分为4个区域，收纳卷起来的打底裤。2. 隔板高14cm、长49.2cm，可以自由切割、组合。（西川女士）

编 辑 后 记

乱糟糟的衣物收纳终于画上了休止符，大家觉得这些用于打造整洁衣橱的建议怎么样？此书若能成为读者们改造衣橱的契机，我们深感荣幸。本书为增订版，新增了*Come home*第41—46期中刊登的部分新内容。在此，对允许我们重新刊载的受访者及与编辑相关的所有工作人员，再次深表谢意。

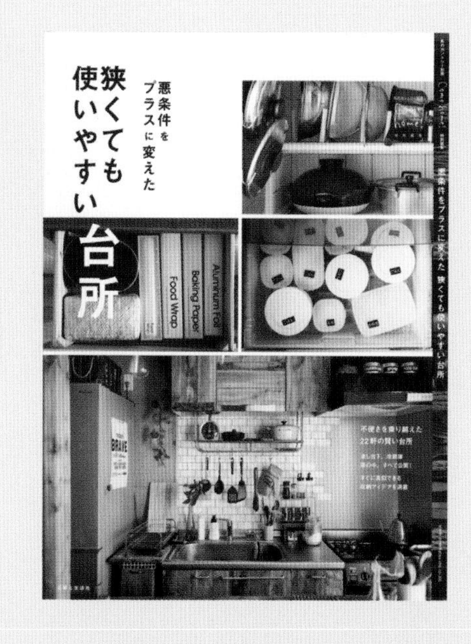

改变目前的糟糕条件

狭窄的厨房也可以方便使用

土气、用着不顺手，稍下功夫就可以克服
令家务进展顺利的厨房

看看冰箱、水槽、柜子的里面！
教你如何令内部像画作般美观的收纳诀窍

利用自定义方式改变使用状况！
新建、翻修厨房

越用越喜爱
厨房用具

自己和家人都方便
好的厨房应充分考虑到行动路线

刊登了立即可以上手的收纳、布局技巧！

对于忙碌的妈妈来说，希望厨房得到改善，可以用着顺手。
本书介绍了很多在布局、收纳、行动路线上下了功夫的厨房。

调料放在操作空间的旁边

做饭使用的工具放在炉灶旁，可以使操作流程更顺畅

把晾海绵的架子灵活运用到热水管上

要点 1
可以提高效率的水槽空间利用方法！

产品丰富

要点 2
利用身边的物品就能完成的轻松收纳

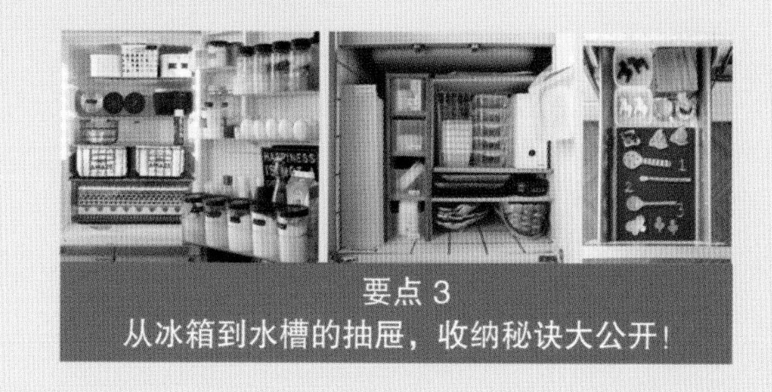

要点 3
从冰箱到水槽的抽屉，收纳秘诀大公开！

DIY打造异域风情的室内装修

DIYで楽しむ海外インテリア

27 items How to make

Catch a new wave of Interiør

Scandinavian Style. BOHO STYLE. Geometric Design. Minimum Style. Traditional Style. Marquee Light. Macrame. Knot Pillow. Origami Art. Weaving Tapestry. String Art. Terrarium. Botanical Art. Himmeli. Teepee. String Shelf. Captain's Mirror.

折纸灯

灯箱

流苏装饰

编织球

BOHO风格、新斯堪的纳维亚风格等
本书介绍多个DIY达人通过模仿海外网络上成为热点话题的时尚装修风格而打造的房间
流苏装饰、线绳编制、环形工艺品等
介绍了27种装饰物的制作方法
参考本书，你也来试试吧！

详细说明装饰物的制作方法

目录

- 将海外人气饰品利用DIY的方法融入时尚的装修中。
- 辰巳若菜女士解说国外室内装修流行新趋势！
- 让孩子的房间和起居室都充满可爱的异域风情。

HOME CENTER INTERIOR

ホームセンターマニアがつくる おしゃれな雑貨とインテリア

令你成为家居中心粉丝的时尚小物品和室内装修

本书第一辑，令读者大呼："使用在家居中心犄角旮旯里发现的不起眼的小物品打造的室内装修好有趣！"第二辑更是能量大增。
除金属物品、聚氯乙烯制品外，还有很多独特的产品相继登场，令人看了会双眼圆睁并感叹："这在哪儿发现的啊！"请读者们拿着本书，像发明家一般逛遍家居中心，挑战DIY，令生活变得更快乐。

托盘变身滚轮茶几！

捕鼠器变身电灯！

图书在版编目（CIP）数据

浙江省版权局
著作权合同登记章
图字：11-2020-470号

从零开始学收纳．衣橱篇 / 日本株式会社主妇与生活社编；谢玥译．— 杭州：浙江人民出版社，2020.12

ISBN 978-7-213-09931-1

Ⅰ．①从… Ⅱ．①日… ②谢… Ⅲ．①家庭生活—基本知识 Ⅳ．① TS976.3

中国版本图书馆 CIP 数据核字（2020）第 254323 号

从零开始学收纳·衣橱篇

CONG LING KAISHI XUESHOUNA · YICHU PIAN

日本株式会社主妇与生活社　编

谢玥　译

出版发行　浙江人民出版社（杭州市体育场路 347 号　邮编 310006）
责任编辑　卓挺亚　祝含瑶
责任校对　陈　春
封面设计　门乃婷工作室
电脑制版　长虎设计
印　　刷　雅迪云印（天津）科技有限公司
开　　本　710 毫米 ×1000 毫米　1/16
印　　张　8
字　　数　128 千字
版　　次　2020 年 12 月第 1 版
印　　次　2020 年 12 月第 1 次印刷
书　　号　ISBN 978-7-213-09931-1
定　　价　55.00 元

如发现印装质量问题，影响阅读，请与市场部联系调换。
质量投诉电话：010-82069336